ビジネスマンのためのエコロジー基礎講座

森林入門

森林入門

ビジネスマンのためのエコロジー基礎講座

豊島襄著

八坂書房

目次

はじめに—緑の「ありがたさ」を実感する……9
いま、なぜ「自然」、なかでも「緑—森林」か？／すべては、自然や森林の「ありがたさ」を実感するところから

「緑は、地球の命綱」を実感するための二〇講

緑のしくみ……21

1 私たちにとって森林とはなにか？……21
驚くほど多様な森林の働き／わかりやすく五つにくくり直すと……

2 自然生態系は、植物—生産者、動物—消費者、微生物—分解者のサイクルで回っている……27
植物の光合成が、すべてを支えている／食う、食われるの連鎖／生態系が健全でなければ、人間も生きていけない

3 森林は、打ち出の小槌、永久機関……34
「自己施肥系」としての森林／植生の遷移も、自己施肥の結果／森林は、うまく使えばいつまでもアウトプットしつづける

4 土は生きている……43
すべては腐植土から／発達した森林土壌の構造

5 靴一足の下にもゴマンの生きもの……48
森林土壌は、驚くべき命賑わう世界／豊穣の星—地球の土壌は土壌生物がつくる

環境の森……54

6 森が水をつくる？　国土を守る？……54
脱ダム宣言は正しいか？／山島日本は、特に健全な森林が必要

7 森は水をきれいにする、栄養豊富にする……63
森林から出てくる水が飲めるのはなぜ？／森が死ねば、川は姿を変え、海は病む

8 地球温暖化と森林……67
森林は巨大な炭素貯蔵庫／フトンの着過ぎで蒸れはじめている地球／温暖化阻止の決め手は、健全な森林をふやすこと／閑話休題―牛のゲップで太平洋の島が水没する？

憩いの森……75

9 フィトンチッドは、他の森林生物に対しては秘密化学兵器、人間にとっては？……76
フィトン＝植物、チッド＝殺す／毒と薬は紙一重

学習の森……83

10 日本人の精神文化の背景にあるもの……84
生産力に富み、彩り豊かな日本の自然／生物が豊かなのは、陸上だけではない／自然と融和的な日本の文化／自然のなかで子どもたちの「内なる自然」の回復を

11 自然を知れば知るほど、自然は彩り豊かに見えてくる……97
虹は何色《なんしょく》？／名前を知らないと、「みんな、木」「みんな、虫」

野生の森……102

12 「生物多様性」とは？……102
地球上に何種類の生物がいるか、それは誰にもわからない／「種」とは、どのように生れる？／なぜ「生物多様性」は維持されなければならないか／生物多様性を守るとは？／生物多様性が高いほど、人間も豊かに、安心して暮らせる

13 放っておけば、自然は守られる？……115
日本の豊かな自然をどう守る？／人手の入った日本の自然／自然保護にもいろいろな方法がある

14 生物多様性と遺伝子資源……123
薬の七〇パーセント以上は植物から得たもの／熱帯林―自然こそコスタリカの国家戦略資源

生産の森……128

15 半永久的に再生産できる唯一の資源……129
イースター島の運命／現在の地球は、貯金の下ろし食い生活／ストックからフローへ、キーワードは「循環型社会」／バイオマスが拓く循環型社会の可能性／バイオマス活用の利点／バイオマス再資源化が、日本の山村を活性化する

16 持続可能な社会と森林の持続的管理……149
持続可能性とは？／「持続可能な地球」の命運は、「持続的な森林管理」が握っている／日本の人工林はどうなっているか？―生みっ放しの人工林／日本は林業に向いているか？／里山二次林の再生―放置して遷移にまかせておけばいいのか？／伐れば、森は守れる、地球は蘇る―「持続可能な森林管理」のために

17 「伐りつづける」ためには、どうすればいいか？……176
その①—用材林／その②—里山林

18 木材の不思議—木は鉄より強い……189
木と草はどうちがう？／神の業《わざ》？ 最少の材料で最大の強さ

19 木の家のメリット……195
健康で快適な癒しの空間を提供する「ケア・マテリアル（健康素材）」／意匠性の高い空間をつくり出す「ファイン・マテリアル（優美素材）」／環境への負荷の小さい「エコ・マテリアル（環境素材）」／風土や文化と深く関わり合い、特色ある地域社会づくりに貢献する「スロー・マテリアル（風土素材）」／わが国の森林から生産された木材を利用することにより、森林の整備・保全に資する「マイ・マテリアル（自己素材）」

20 火の魔術—木炭の摩訶不思議……205
炭わずか一グラムの総表面積は二〇〇畳、活性炭ではなんと六〇〇畳／万能吸着性物質—湿気をとる、空気をきれいにする、水をきれいにする、土壌を改良する／工業原料から、アメニティ、安全まで／もっともっと炭を焼こう

まとめ——緑は、地球の命綱……213

あとがき……215

引用・参考文献……219

はじめに ―緑の「ありがたさ」を実感する―

いま、なぜ「自然」、なかでも「緑―森林」か？

最近の世相を見るにつけ、ますます「自然」が、とりわけ「緑＝森林」がキーワードになってきているように思えます。

それは、地球や人類の危機に森林が大きく関係しているからです。

地球温暖化、オゾン層の破壊、酸性雨、砂漠化、さまざまな汚染物質の蓄積、これらは、いずれも自然を痛めつけてきた結果です。こうした環境破壊に対処しないかぎり、われわれの子孫の未来はおぼつかないといわれています。この環境問題のほとんどに緑＝森林が大きくかかわっています。

また、次のような背景もあります。

人びとを震撼させた、神戸「サカキバラ事件」、長崎市の中学生男児による「幼児突き落とし殺害事件」、さらには佐世保の小学六年生少女による「同級生少女殺人事件」、……、普通の少年少女が、ある日、本人はことの重大さもわからないままに、とんでもない事件を起こす。しかし、私たちは、決してこの少年少女たちだけを糾弾しようとも思わないし、安易に非難できないと思うのです。それは、今の社会全体が、あまりにも自然から遠ざかり、文字どおり「外の自然」と私たちの「内なる自然」を壊した結果でないかと思うからです。それら少年少女たちも、ある意味では、その犠牲者でもあるといえるのではないかと思うからです。

また、ネットで知り合ったばかりの人たちが集団自殺するなど、年間三万何千人という自殺者、あまりに〈いのち〉が粗末にされ過ぎているように思えてなりません。それらも「内と外の自然」が壊れた結果といえなくもないのではないでしょうか。

「〈いのち〉の会」というユニークな活動をつづけている宗教社会学者・東京外国語大学教授町田宗鳳さんは次のようにいっています。

「現代日本が直面している危機は、……まさに国民一人ひとりの身体から〈いのち〉の感覚が薄れてゆき、自己の存在感や他者への共感が喪失されてしまうことのように思えてならない」（『山の霊力』二一三頁）

「現代人の最大の弱点は、生命感覚がすっかり鈍ってしまっているところにある。だから誰しも、ときどきは山に入って、〈いのち〉の充電をする必要があるのではなかろうか」（『同』

二三〇頁）

山国といってもいい日本では、ほとんど「森」は「山」であり、「森」と「山」は、同義語に近いといえますが、「ときどきは山（＝森）に入って、〈いのち〉の充電をする必要があるのではなかろうか」に、私もまったく同感です。

ところで、山─森のなかに入って緑やさまざまな動物などに囲まれ、触れることが、どうして〈いのち〉の充電になるのでしょうか。

人類は、その霊長類としての進化の過程で長い間ずっと森のなかで暮らしてきたために、森林に特有の視覚、聴覚、嗅覚などに訴えるものになじみやすい体制がもともとビルトインされているのではないかという説もあります。自然のなかに入ることにより、心身が活性化したり、安らいだりすることは、皆さんも経験されていることでしょう。

また人工物やバーチャルに取り囲まれた現代人は、まさに自然のままのリアルな生《なま》の〈いのち〉に触れることで、生命感覚が呼び覚まされるということもあるのでしょう。緑＝森林は、私たち現代人の精神生活にも大きくかかわっているのです。

そして、もう一つ、「緑」に関係して、戦時下にあるイラクやアフガニスタンの映像を見ていて思うことがあります。彼の地から戦闘などのシーンが頻繁にテレビで流れてきますが、それらはほとんど、緑のない荒涼とした、赤茶けた戦場です。

緑は、土地の生産力、ひいては豊かさの源です。また心の安寧の源です。その実際を、霊長類研究者である京都大学名誉教授・河合雅雄さんは、鮮やかに描き出しています。少し長くなりますが、耳を傾けてみましょう。

「アフリカのカメルーン北部を旅していたときのこと。ハルマタンと呼ばれるサハラ砂漠からの熱風が、天地を覆い、乾季のサバンナを黄褐色に染め上げていた。空気は極度に乾燥し、車の中を突き抜ける熱風に皮膚はガサガサに荒れ、水分を失った顔がひきつってくる。このサバンナを遊牧しているポロロ族に会った。長身で目鼻立ちのくっきりしたいい顔をしている。だが、こんがり焼けた顔はどこか険しく、つき刺すような目つきにたじろがされた。

車を進めると、突如行く手に濃緑の小山が見えた。山と見えたのは森だった。砂漠の中で蜃気楼を見たような錯覚にとらわれながら、乾ききった心に潤いがもどり、ほっとした安堵感がよみがえってきた。

マロアの町は、こんもりとした森に包まれている。これほど見事な街路樹を見たことがない。二抱え、三抱えもあるセンダンの大木が、片側におのおの二列ずつ植えられ、広い車道も両側からの茂みにすっぽり覆われている。強い太陽の日射しを遮った緑のアーケードの中を、人々はゆったりと歩いていく。頭に大きな荷物を載せ、おしゃべりしながら行く女たちの顔は輝き、肌はしっとりと潤いを帯びのんびりとした顔つきには心の余裕が感じられる。緑に包まれて暮らしていると、人は顔つきまでおだやかになるものなのだ。

まわりはアカシアが点在する乾燥サバンナ、その荒涼とした地でも、丹念に育てればセンダンの木が根づき、一度立派な森ができれば保水機能がはたらき、こんもりした森が維持されるのである。そうなれば、この町にすむ人々は、もはや緑なくしては暮らせないということになるのであろう」(『河合雅雄著作集』第九巻、三三〇頁)

いきなり突拍子もないかもしれませんが、戦争やテロをなくすにも、軍事力ではなく、緑化がいちばんの対応策ともいえるのではないでしょうか。爆弾や爆撃機につぎこむ予算を、緑化に使えば、それだけでその地の雇用も多く生れるでしょうし、ひいては土地の生産力もあがって経済的にも豊かになり、貧困の解消というテロの究極の防止策にもなるのではないでしょうか。三〇〇〇万本の植林活動を行ったケニアのワンガリ・マータイ女史(「モッタイナイ」の唱導でも有名)が二〇〇四年度のノーベル平和賞を受賞しました。

地球上の生態系で、もっとも生産性豊かで多様性に富んでいるのは森林です。後に本文にもくわしく書くように、緑—植物は、地球の大きなエネルギー源である太陽エネルギーを、われわれ人類の利用可能なエネルギーや物質に変える唯一の「生産者」であり、地球の生産力の根源なのです。文明社会が今後、繁栄をつづけていくためにも、この緑―植物、ひいては森林の生産力を最大限、利用していかなければならないことはいうまでもありません。

このように、地球の環境問題、人間の精神生活、文明社会の持続といった物質生活にも緑＝森林は大きくかかわっています。まさに「緑は、地球の命綱」といえるのです。

本書ではそれを、ビジネスマンを中心とする一般の方にもできるだけ納得してもらえるように、示してみたいと思います。

すべては、自然や森林の「ありがたさ」を実感するところから

本書は、還暦を過ぎて（社）全国森林レクリエーション協会の認定資格「森林インストラクター」（併せて同じ協会の「森林活動ガイド」と自然体験活動推進協議会の「自然体験活動リーダー」の資格も取得）になった私の、この方面では初めての著作です。以前、本職（？）のブランドについての本やマーケティング関係の専門誌への論文などは多く出版しましたが、第二の本職といいますか、趣味といいますか、「森林インストラクター」の方面では処女作です。ここ二十年ばかり、本業のかたわら、というよりもむしろ本業以上に自然に親しみ、自然や環境問題に関心を抱くことに時間を費やしてきた結果です。その意味では、「ビジネスマンの問題意識を通して見た森

林」観の側面もあるといっていいかもしれません。

この本は、自然のくわしい解説書でもなければ、単なる案内書でもありません。といって、地球の持続性や環境問題などを、真正面からストレートに論じたものでもありません。

私が、森林インストラクターを目指すきっかけになった自然の不思議さへの驚きと感動(われわれ人類が、いかに、自然のおかげをもらって生きているかへの驚きと感謝の念を含めて)を、そのままお伝えすることと、それを通じて森林をまるごと理解していただくことが目的です。いくら地球の持続性や環境問題などを頭で理解しても、ほんとうに自然や森林に親しみ、そのしくみを理解し、その「ありがたさ」(「有り難い」――「かけがえがない」という原義の意味でも)に感謝の念をもたなければ、地球の持続性や環境問題への取り組み方も「仏に魂」が入らないのではないかと私は思います。

これらの問題は、特にホンネとタテマエが乖離《かいり》し、総論賛成各論反対になりがちです。その取り組みの必要性を声高に叫ぶこともさることながら、むしろ一人でも多くの人びとが自然に興味、関心をもち、「緑は、地球の命綱」をほんとうに理解していただくことこそが、回り道のように見えても最終的には地球の危機を救う方法ではないでしょうか。特に社会を実際に動かしている第一線のビジネスマンを中心とする人たちに、自然を理解してほしい、その「ありがたさ」を骨身に感じてほしいとの想いで書きました。

また、研究を目指すのではないビジネスマンなどの一般の人が、自然に関心をもつのは、そのような驚きや感動を覚えることこそがきっかけになるのではないでしょうか。

森林インストラクターの役割は、「森林を利用する一般の人びとに対して、森林や林業に関する知識を与え、森林の案内や森林内での野外活動の指導を行なう者※」と、先の資格主宰団体では定義しています。試験科目も、「森林」「林業」「野外活動」「安全及び教育」「実技」と幅広い知識と経験を要求されます。

先にもいうように、緑―森林は、地球の環境問題だけでなく、人間の精神生活、物質生活といった二十一世紀の課題全般にきわめて幅広くかかわっています。

それだけに、ビジネスマンの方が、今後、ビジネス生活、社会生活をつづけていくうえでも、森林を理解しておくことは欠かせないと思います。

森林は知れば知るほど、多様な側面をみせてくれる。そのような多面的な森林を、「木を見て森を見ず」ではなく「木も見て森も見て」、できるだけまるごとお話ししたい、理解してほしいという想いのもと、守備範囲の広い森林インストラクターの領分を生かして、多角的にお話ししようと努めたつもりです。「一般の人びとへの森の案内人」である森林インストラクターに、それだけの幅広さを要求されるということは、逆にいえば、一般の人も森を本当に理解しようとすれば、それだけ幅広く森をまるごと知る必要があるということではないでしょうか。

もちろん、ビジネスマンを中心とする一般の方がたに森林や環境問題への関心をもっていただくことを主眼にしていますが、森林インストラクターや、それに類する資格を目指す人にも、「森林」や「林業」についてはほぼその守備範囲をカバーしていますので、それなりにお役に立てるのではないかと思います。

ご一緒に、森に分け入り、その「ありがたさ」を実感してみようではありませんか。

※(社)全国森林レクリエーション協会の「森林インストラクター認定事業」は、「環境の保全のための意欲の増進及び環境教育の推進に関する法律」(平成一六年施行)に基づいて、環境大臣と農林水産大臣の連名により「環境教育人材認定事業」として登録されました(平成一七年)。

「緑は、地球の命綱」を
実感するための二〇講

緑のしくみ

1 私たちにとって森林とはなにか？

いま森林があらためて注目を浴びています。

「はじめに」でも述べたように、地球の持続性、地球規模やローカルでの環境問題、さらには、文化や癒しといった私たちの精神生活にさえ森林が大きくかかわっているからです。

それだけに、ひと言に「森林」といっても、きわめて広く、奥深く、多面的です。このうえもなく多面的であるだけに、視点次第で森林やそれを構成している植物などの生きものの見え方もその意味合いも変わってきます。

まずは、「私たちにとって森林とはなにか」を探ることによって、そうした、さまざまな視点を洗い出してみましょう。

ハギ

驚くほど多様な森林の働き

ふつうの人が、「私たちにとって森林とはなにか」と考えたとき、まず思いつくのが、建築用か製紙パルプ用の木材の産出や、あるいは昭和三〇年代以前の生活を知っている人にとっては、煮炊き暖房のための薪炭、さらには、田畑の肥料の採取場所といったところでしょう。それまでは、とりわけ身近な食住生活のあらゆる分野でこれら森林の生産力に多くを頼っていました。

しかし、いまや日本の森林では、これらの役割はほとんど破綻しています。

木材は、昭和三〇年代には九〇パーセント近くあった国産材自給率も、いまでは二〇パーセントを切り、大半が熱帯雨林や北方針葉樹林からの輸入材です。日本では、木材は山から伐り出されるのではなく、その大部分は海からやってきています。

また、薪炭も、昭和三〇年代に起こったガスや石油などの化石燃料による燃料革命以降、バーベキューや焚き火などの趣味的利用を除いて、燃料としてはほとんど使われなくなりました。わずかに消費される木炭でさえも、大半がマレーシアのマングローブ林などからの輸入品です。肥料も化学肥料の導入によって、やはりそのころから、山から得られる緑肥や堆肥はあまり使われなくなりました。

一般に、林産物をもたらすことによって、生活に物質的に役立つことを、森林の「経済的機能」と呼んでいます。しかしこれまで見たように、日本の森林は、もはやこれらの機能をほとんど失っています。

それでは、なにがあらためて森林に眼を向けさせているのでしょうか。

森林の「公益的機能」と呼ばれるものがますます注目されてきているからです。それは、さまざまな言い方をされますが、たとえば日本学術会議では、①生物多様性保全機能、②地球環境保全機能、③土砂災害防止機能／土壌保全機能、④水源涵養機能、⑤快適環境形成機能、⑥保健・レクリエーション機能、⑦文化機能の七つにまとめています。また、これらの「公益的機能」に先の「経済的機能」である「物質生産機能」を加えて、合計八つを「森林の多面的機能」としています。

そして、この八つをさらに細かい項目にブレークダウンして五六項目にもわたって挙げていますが、おもなものだけを上の分類にもとづいて整理すると次のようになります。（資料：日本学術会議答申（二〇〇一）「地球環境・人間生活にかかわる農業及び林業の多面的機能の評価について」）

①生物多様性保全機能——遺伝子保全、生物種保全、生態系保全

②地球環境保全機能——地球温暖化の緩和、地球気候システムの安定化

③土砂災害防止機能／土壌保全機能——表面侵食防止、表層崩壊防止、その他の土砂災害防止、自然災害防止（防風、水害防止、潮害防止、干害防止、防雪、なだれ防止、その他）

④水源涵養機能——洪水緩和、水資源貯留、水量調節、水質浄化

⑤快適環境形成機能――気候緩和、大気浄化、快適環境形成
⑥保健・レクリエーション機能――療養、保養（森林浴など）、レクリエーション
⑦文化機能――景観（ランドスケープ）・風致、学習・教育、芸術、伝統文化
⑧物質生産機能――木材、食料（キノコなど）、肥料、飼料、薬品その他の工業原料、観賞用植物、その他

おもなものだけを見ても、驚くほどの「多面的機能」を発揮しています。

これらの森林の働きの多くが、二十一世紀の課題に大きくかかわるものであることは、皆さんも容易に理解されるでしょう。

ちなみに林野庁では、「経済的機能」をのぞいたそれらの「公益的機能」のうち、金額換算できるものを、日本の森林がもたらす外部経済効果として試算しています。ほんとうにこうした価値が金額換算できるものかむろん疑問もありますが、合計額は年間七五兆円にものぼるとしています。日本の国内総生産（ＧＤＰ）が約五〇〇兆円ですから、実にその一五パーセントにも相当し

表1　「経済的機能」を除く森林の「公益的機能」の金額換算［林野庁試算（2000年）単位：兆円］

土砂流出防止	28.3
水資源涵養	27.1
土砂崩壊防止	8.4
大気保全	5.1
獣保護	3.8
保健休養	2.3
計	75.0

ます（表1参照）。

また、森林について特筆すべきは、後にもくわしく見るように、これらの機能、価値が経済的機能を含めてそれぞれ別々に働いて発揮されるのではなく、森林が生態系として健全であればあるほど多重的に同時に発揮されるということです。森林は一人二役どころではなく、まさに一人数十役といってもいいのです。

わかりやすく五つにくくり直すと……

「価値の高い森と美しい森は一致する」というヨーロッパの林学者の言葉もありますが、それよりもなによりも、後にもくわしく見るように、植物は、太陽エネルギーを生態系が循環使用可能なエネルギー（有機物）に変える、地球で唯一ともいえる「生産者」です。別にむずかしく考えなくても、このように生態系を根底で支える植物の集団である森林が健全であれば、それだけ私たち人間も含めて地球が受ける恩恵が豊かであることはいうまでもないでしょう。地球の持続性が問われている今日、森林の健全な保全・育成が重視されるゆえんです。

それが、あらためて森林に目を向けさせる根本的な理由なのです。

上記の日本学術会議の整理では文字どおり学術的で少し取っつきにくいので、わかりやすくまとめ直してみましょう。

「環境の森」、「憩いの森」、「学習の森」、「野生の森」、「生産の森」という五つに、より馴染みやすくまとめることができます。

先の日本学術会議の整理と対応させると、②地球環境保全機能、③土砂災害防止機能／土壌保全機能、④水源涵養機能、⑤快適環境形成機能をもつ森林が大きく「環境の森」、⑥保健・レクリエーション機能が「憩いの森」、⑦文化機能が「学習の森」、①生物多様性保全機能が「野生の森」、そして物質生産機能が「生産の森」に相当しているといってもいいと思います。

以下、森林の基本的なしくみを見たあと、おおよそ、その順番にそって、といっても、森林は、先にもいうように全体として多重的、複合的に機能を発揮していることから、厳密には順番どおりでというわけにはいきませんが、ほぼそのような流れで、その姿、しくみを見ていきましょう。

そして、これもまた「はじめに」でも述べたように、それらを体系的、網羅的に解説するというよりも、もっぱら私自身が驚き、感銘を受け、その恩恵への感謝の念を感じてきた項目、そして読者の方がたにも共感をしていただけるだろうと思われるトピックスを中心に取り上げていくつもりです。

「緑＝森林は地球の命綱」を実感するための森めぐりです。

まず、森林生態系もそのなかに含まれる自然生態系のしくみから大きく見ていきましょう。森林をほんとうに知るためには、その全体のしくみから理解しておく必要があります。

2 自然生態系は、植物―生産者、動物―消費者、微生物―分解者のサイクルで回っている

植物の光合成が、すべてを支えている

生態系の話を新鮮に感じるか否かは、ある年代の上の人と下の人ではちがうかもしれません。というのは、生態系の学問自体、地球の有限性が意識されはじめた一九六〇年代以降、急速に発展した分野であり、これから問題にする「生態系」が高校の生物の教科書にとり入れられたのは、一九六六年（昭和四一年）以降だからです。

一九六六年以前に高校生活を送り、生物を習った人たち（や、あるいはその後でも生物を習わなかった人）には、大いに新鮮な話のはずです。その教科書採用以前の世代である私（一九六五年高校卒業）が、森林インストラクターを目指したきっかけの一つは、この自然生態系の驚くべきしくみをその後、知ったことにあったといっても過言ではありません。

地球上の生物が、みんなで役割を果たしながら、生態系のサイクルを回している！　なかでも植物が、生きものすべての根底を支えている、植物はなんと偉大なのだろう！　もともと木や植物が好きだったこともありますが、こんな驚きが、私にいっそうの森林や植物への関心を呼び起

こしてくれました。

「生態系」とは、「生物と、それをとり巻く環境との間の生命活動を通じた物質とエネルギーのやりとりなどで結ばれた系」と定義されています。生態系のなかで、生物は、まわりの環境からいろいろな物質やエネルギーを、摂食や呼吸という形でとり入れ、逆に環境に影響を与えながら生きています。


生物が生きていくには、エネルギーが欠かせません。個体維持、繁殖など生命活動すべてにエネルギーを必要とするからです。そのエネルギーを、生物は、炭水化物、脂肪、蛋白質などの有機物から得ています。

まず驚きは、生物が生きていくうえで欠かせないこの有機物を無機物から合成できるのは、（一部化学合成細菌などを除けば）実質的には葉緑素をもった光合成植物だけだということです。

彼ら葉緑素をもった光合成植物は、水と空気中の二酸化炭素を原料に太陽光エネルギーを使って、炭水化物をつくり、さらにその後に窒素や、リンなどの塩類を使い脂肪、蛋白質なども合成します。だから、植物がつくった有機物は、太陽のエネルギーを閉じ込めた「蓄熱器」ともいえるのです。

有機物をつくるだけでなく、植物は自らつくった有機物を酸素呼吸で燃やして、エネルギーを得ています。このように、植物は、自分でつくった有機物を自分で利用して生きています。彼らが生態系のなかで「独立栄養生物」と呼ばれるゆえんです。

動物などほかの生物は、植物のつくった有機物に頼らないと生きていけません。ですから、彼らは「従属栄養生物」です。

唯一、有機物を合成できるこの植物を、生態系のなかでは大きく「生産者」と呼びます。

食う、食われるの連鎖

動物は、従属栄養生物として植物がつくった有機物を食べることで生きています。といってもすべての動物が、直接、植物を食べているわけではありません。まず、昆虫の幼虫や、ウサギ、ウシなどは植物だけを食べます（食植動物という）。こうした食植動物を「一次消費者」といいます。

その動物を食べる小動物がいます。虫を捕食する鳥、モグラ、一部のネズミなど。彼らを「二次消費者」と呼び、それらの動物を食べるオオカミ、猛禽類などの「三次消費者」、さらにその上があれば「四次……」「n次……」とつづきます。

この食う食われる関係を「食物連鎖」と呼びますが、それは目に見えない土のなかなどでも見られます。落ち葉や枯れ木を食べるミミズや、ヤスデなどの「一次消費者」、それらを食べるクモやケラなどの「二次消費者」、さらにそれらを食べるモグラなどの「三次消費者」……といった関係です。

生きている植物を食べることからはじまる連鎖を「生食連鎖」、枯死した植物からのそれを「腐食連鎖」といいます。

そして、海の世界では、植物プランクトンや海藻が「生産者」、それらを食べる動物プランクトンや魚介類が「一次消費者」、さらにそれらを食べる魚などが「二次消費者」……となります。

人間はどうでしょうか。人間は、穀物、野菜や果物などの植物も食べ、一次消費者、三次消費者……の肉も食べ、ときわめて雑食性が強い貪欲な生き物です。それだけではありません。ほとんどの動物は、陸なら陸、海なら海と棲み分け、餌も陸のものなら陸のものだけ、海のものなら海のものだけ、と食べ分けています。ところがヒトは、陸海と分け隔てなく食料としています。その点でもきわめてユニークな生きものです。そのうえ、究極には他人《ひと》を喰って喜んでいる人（人肉食というブラックな話でなく）もいますから、「∞次消費者」ともいえるのでしょうか。

これはジョークとしても、大きくとらえれば、動物はすべて「消費者」として位置づけられます。いずれにしても、自らつくり出すのではなく、もとはといえば植物が合成した有機物を利用しているだけなのです。植物に感謝しなければなりません。

生態系は、この二つの生物の関係だけで成り立っているのではありません。もう一つ大事な役割を果たしているものがいます。

それが、キノコやカビ（菌類）などの「分解者」です。植物も含めて生物は、すべていずれは死んで「遺体」となります。また、生命を維持する代謝活動のなかで不要物や老廃物を「糞」などとして排泄します。それらが分解されず、いつまでも残ったのでは、地球上はゴミで一杯になります。

それらを最終的にきれいに掃除してくれるのが、先のミミズなどの「腐食連鎖」につながる動物たちや、キノコやカビなどの菌類を含めた「分解者」なのです。土中動物たちが噛《か》み砕いた腐植物や、彼らを含めた生物の排泄した糞などを最終的に分解してくれる（食べてくれる）のが微生物なのです。彼らがいなければ、地球はゴミの山になります。

想像してみてください。遺体と糞でいっぱいになった地球を！　分解者のありがたさにも感謝しなければなりません。

掃除してくれるありがたさだけではありません。この「分解」という働きには、生態系の役割のうえで、もっと本来的な意味があります。それは、植物が合成した有機物を、また無機物に分解する、むずかしい言葉でいえば、還元するという役割です。「分解者」のことを一名「還元者」ともいいます。植物は炭素のほか、窒素、リンなどの無機物を使って有機物を合成しますが、それが還元されてふたたび土中に戻されなければ、植物が利用できる無機物はやがてなくなってしまいます。

生態系のなかで役割を終えた有機物を還元して、また植物が利用できる無機物に返しているのが、微生物なのです。森のなかなどでも、落ち葉や枯れた木、動物の遺体なども最終的には微生物によって無機物に還元されるおかげで、ふたたび養分となって植物の生長に利用されるのです。彼らがいなければ、生態系のサイクルは回りません。

生態系が健全でなければ、人間も生きていけない

このように、地球生態系では、生産者→消費者→分解者、そしてまた生産者へと、絶妙のサイクルが回っています。一つでも歯車が狂えば、この循環はうまくいきません。

この循環を「物質とエネルギーの循環」ともいいます。たとえば、有機物のもっとも基本となっている炭素は、空気中や海中の二酸化炭素から植物がとり入れ、消費者の動物に回り、動植物や分解者の呼吸でふたたび大気に戻るというサイクルで循環しています。そのほか、生物に必須な窒素、リンなどの物質も同じように循環しています。

これを、エネルギーの循環という観点からみれば、太陽光エネルギーを植物が吸収して有機物に閉じ込め、それを植物自体も消費し、また動物、菌類が食料として摂食して呼吸で燃焼させることによって「生きる力」に変え、大気に放出するという循環になります。すべての生きものは、

太陽エネルギーを食べて生きているということにもなるわけですから、われわれの地球は、その点でもまさに「太陽系」なのです。

生産者にも感謝、分解者にも感謝、太陽にも感謝、ということになります。

唯一、消費しているだけなのは動物で、なんら役割を果たしていないようですが、動物も植物の生長を支える土壌の生成や、一度根づいたらそこから動けない植物の繁殖や移動（「花粉授受」や「種子の散布」）に大きな役割を果たしています。

このような地球の生態系が豊かで健全に機能していて、はじめてわれわれ人間も自然の恩恵を受けつづけることができるのです。

なにせその絶妙のしくみは、すくなくとも億年単位の時間のなかでつくられてきたものだけに、一度バランスが崩れると、その回復にはまた気の遠くなるほどの時間が必要だといわれています。あるいは、偶然を織り込んだ歴史のなかでつくられてきたものだけに、ケースによっては回復不能ともいわれています。

七〇年代以降、特異な「消費者」であるヒトの勝手な振舞いによって危機に瀕した、この地球生態系の話題がますます大きく取り上げられてきているのは、ご承知のとおりです。

3 森林は、打ち出の小槌、永久機関

つづいて、そうした地球生態系の中心ともいえる生態系──森林が、先にあげた多面的な機能をもたらすもっともマクロなしくみにご案内しましょう。森林の生産力を根底で支える絶妙のしくみです。

「自己施肥系」としての森林

人類が文明をもつようになってから、夢に見つづけてきたものがありました。一つは、童話の世界に近い話ですが、振ればなんでも思いどおりのものが出てくる「打ち出の小槌」であり、もう一つが、錬金術とならんで歴史上それなりにマジメに求めつづけられてきた「永久機関」です。「永久機関」とは、一度動きはじめたら、その後は外からエネルギーをインプットしなくても、永久にアウトプットしつづける機械です。いずれも、大きく考えれば、「無から有」を生み出す夢の装置といえます。

しかし、そのような夢も「エネルギー保存の法則」などによって科学的、経験的に否定されました。果（有）は、因（有）がなければ結果しません。

ところが、森林は無から有を生み出すのです。そればかりではありません。永久運動をつづけ

るのです。

少しむずかしい言葉ですが、それを「自己施肥系としての森林」と呼んでいます。たとえば、それは、植生の「遷移」ということを理解すれば、簡単に納得できます。

植生の遷移も、自己施肥の結果

遷移とは、もっともわかりやすくは、火山が噴火し、溶岩が堆積したあとの植生がどうなっていくかを追っていけば理解できます。当然その遷移も、気候条件、土壌条件などよって変遷の姿が変わってきますが、さしあたりここでは、富士山など関東周辺の条件で考えてみましょう。

溶岩の上は、最初は土がありませんから植物はまったく育ちません。それでも、何年、何十年という時間のうちには、地衣類（コケと菌類の共生体）、コケ類の胞子などが風に乗ってどこからか飛んできて徐々に岩に張りつきます。さらに何十年、何百年という時間経過のなかで、それらも朽ちて遺体となって窪地に溜まり、風化で細かく砕けた溶岩の粒と混じって土となっていきます。すると、やがてその土を利用して一年生の草、つづいて多年生の草が根づいていきます。こうしてだんだんと堆積物がたまって土が深くなっていきます。

次いでやってくるのが、ヤシャブシなどの低木です。そして、その低木の落ち葉が積もったり枯死したりを繰り返し、さらに土壌は深くなっていきます。こうして植物の生長に適した土ができることを、「土壌生成作用」といいます。

土壌がそれなりにできてくれば、次の出番は、陽樹（明るい場所を好む樹木）の高木です。しかし、陽樹が大きくなって陰をつくるようになると、その日陰ではもはや陽樹は育たなくなり、後は陰樹（暗いところでも育つ樹木）が優先してきます。

こうして最終的には、陰樹が優先した極相林となって安定した森になります。ふつう、ここまでの遷移に五〇〇～一〇〇〇年を要するといいます。

すなわち、それは一般に次のような経緯をたどります。（正確には、溶岩がおおうなどまったくなにもない裸地からはじまる遷移を「一次遷移」、伐採や山火事跡地などのように、前生種や土壌が残ったところからはじまるそれを「二次遷移」といいます。このケースは当然「一次遷移」にあたります）

裸地→地衣蘚苔類→一年生草本→多年生草本→低木→陽性高木→陰性高木（極相林）

富士山でも、このような遷移が実際に起こりました。青木が原樹海は、いまから一二〇〇年ほど前の貞観《じょうがん》の大噴火により流出した溶岩流が、上記のような遷移を経た末にできたものなのです。いまではモミ、ツガ、ヒノキの常緑針葉樹にミズナラなどの落葉広葉樹が混じった深い原生林になっていますが、こうした相に到達したのは三〇〇年くらい前だといわれています。

また、その遷移の途中の相が見られるのが、浅間山の鬼押出《おにおしだし》です。鬼押出は、二〇〇余年前（一七八三年）の天明の大噴火の溶岩流の名残ですから、まだ途中の「灌木→陽性高木」あたりの段階にあります。

しかし、ここは遷移の話ではありません。森林の「自己施肥系」の話です。

なにはともあれ、この遷移という現象をよくよく考えてみれば不思議ではありませんか。誰も土入れも肥料もやっていないのに、溶岩上のまったくの無栄養地があの青木が原樹海のような大森林へと変貌を遂げているのです。

それこそが、「自己施肥系」といわれる森林のしくみが、もたらした結果なのです。

植物が生長するには、光合成のための二酸化炭素と水、呼吸のための酸素、適当な気温、さらにさまざまな養分、すなわち窒素、リン、カリウムの三要素に加え、カルシウム、マグネシウム、硫黄、鉄、マンガンなどが必要です。養分のうち窒素をのぞいた残りをミネラルといいますが、これらミネラルは、蛋白質の合成や、さまざまな酵素などの合成に必須ですから、植物には欠かせません。二酸化炭素と水、呼吸のための酸素、適当な気温などは広範囲に流動するものであり、一つの地域であればどこでもほぼ同条件ですから、植物の生長を大きく左右するそれ以外の条件は養分です。

ふつう農業では、これらの養分、とりわけ植物の生長に必要とされる窒素、リン、カリウムの三要素を中心に肥料として与えます。それらをインプットとして与えつづけなければ、アウトプット（作物）は育ちません。

しかし森林では、肥料をやることはまずありません。なのにどうして、あのような地球最大の陸上生態系──大森林ができあがるのでしょうか。そこに「自己施肥系」という驚くべき「打ち出の小槌」と「永久機関」の秘密があります。文字どおり自らが養分をつくり出し、貯蓄をふやしながら森林が拡大していくのです。考えてみれば不思議というほかありません。その秘密に分け入ってみましょう。

まず蛋白質や酵素の合成に欠かせない重要な窒素ですが、大気中の七八パーセントは窒素ガスです。しかし植物は、あいにく大気中の窒素をそのままでは利用できません。ですから窒素は、農業でももっとも重要な肥料の三要素の一つなのです。植物が利用できる窒素は、硝酸態かアンモニア態に固定されたものなのです。

森林では、このような窒素固定をその生態系の一員である細菌が行います。それは、土中のアゾトバクターなどの窒素固定菌や、ハギ、ネムノキなどのマメ科やヤシャブシ、ヤマハンノキなどのハンノキ科の植物の根に共生している根粒菌です。さほど養分のない荒地でも、これらの種類の植物が育ちやすいのは、この共生した菌類の窒素固定のおかげなのです。ですから、これらの植物は肥料木と呼ばれ、はげ山など荒廃地の回復に使われることがよくあります。化学肥料がまだ使われなかったかつての田んぼで、やはりマメ科のレンゲソウがつくられ、窒素肥料として田植前にすき込まれたことを知っている人も多いでしょう。それと同じことです。彼ら細菌が固定した窒素は、後にみる生態系の物質循環のメカニズムによってほかの植物にも利用されていくのです。

そして、窒素をのぞくほかのミネラル類は、おもに岩石のなかに含まれており、風化によって供給されますが、この風化の促進に微生物が酵素を出して貢献しているともいわれます。植物はそれらのミネラル類を、地中深く根を張って岩石に食い込み、貪欲に吸収します。また、ミネラル類の一部には、降水に含まれるもの（湿性降下物）や、粒子として空から降下してくるもの（乾性降下物）もあります。

こうして人間が肥料をほどこさなくても、林地には養分が自給されます。そればかりではありません。「自己施肥系」の最大の秘密は、あの生態系の物質の循環サイクルにあるのです。

固定された窒素やミネラルの養分を使って、まず生産者としての植物が繁茂します。やがて植物は寿命がつきて落ち葉や枯れ枝、枯れ木となって、あるいは動物に利用されその糞や遺体となって林地に横たわります。そして、それらのリター（林地に落ちた植物や動物の遺体＝ゴミをリターという）は土中小動物に噛み砕かれ、最終的には分解者（還元者）である菌類によって元の無機物（ミネラル）に返され、ふたたび植物に吸収されます。

こうしたサイクルを繰り返しながら、内部循環の輪のなかで森林はその蓄積を増していきます。窒素固定菌や、動物、菌類などの分解者の手助けを受けるにせよ、彼らを含む全体でみれば、森林という生態系は、自ら肥料をつくり出し蓄積しながら繁栄をつづけるのです。

青木が原樹海なども、こうしたしくみにより、だれも肥料など与えていないにもかかわらず、溶岩流というまったくの「無」が現在のような大森林「有」に姿を変えてきたのです。一二〇〇年という時間がもたらした「自己施肥系」の手品といえます。

火山噴火でふたたび溶岩におおわれたり、山火事、崩落や人手で破壊される（このように外力で森林が破壊されることを「攪乱」といいます）という事態に見舞われないかぎり、森林は、この「自己施肥系」のメカニズムによって、すくなくとも極相林に至るまでは自働的に蓄積をつづけ、その後は定常安定しながら、あたかも永久機関のように活動を維持していくのです。

森林は、うまく使えばいつまでもアウトプットしつづける

青木が原樹海ばかりではなく、このような「自己施肥系」のしくみは、すべての森林で働いています。ですから、森林は自己成長をつづけ、放っておいてもあたかも永久機関のように、「公益

的機能」という地球や人間生活への恵みを「打ち出の小槌」のように多面的に生み出しつづけるのです。

この「自己施肥系」という「打ち出の小槌」的特徴を、もっともわかりやすい形で利用するのが、森林の「経済的機能」である人工林施業であり、焼き畑農業といえます。

人工林施業では、たとえばスギやヒノキであれば、植えてから短い場合では四〇～六〇年で伐採して材木をとり出すことを繰り返します。その間も肥料（インプット）を与えることはまずありません。その四〇～六〇年の間に、間伐、枝打ちなどでうまく管理しさえすれば「自己施肥系」によりそのつど、地力を増しながらスギやヒノキはそれなりに生長していくのです。

まさしく四〇～六〇年に一度ずつ材木の産出（アウトプット）という打ち出の小槌を振りつづけるということになります。

また焼き畑では、森林を焼き払い、その灰や養分に富んだ土壌を使って肥料をほどこすことなく五年間ほど農作物をつくります。やがて養分を使い切ると、また森林に戻し二〇～三〇年放置します。その間にまた森林は「自己施肥系」により地力を回復する。するとまた焼き払って五年間ほど農作物をつくる。焼き畑はこれを繰り返していくのです。

施肥（インプット）をすることなく森林の「自己施肥系」を利用して地力を回復させ、二〇～三〇年に一度のインターバルで農作物（アウトプット）を取り出しつづけるという意味で、これこそもっともわかりやすい「打ち出の小槌」といえるかもしれません。

また、現代版焼き畑として、いま熱帯林地域で注目されている森林の持続的利用が、「アグロフォレストリー」です。これは読んで字のごとく「農業（アグリカルチャー）」と「林業（フォレストリー）」のハイブリッドで、多様な生物の棲む熱帯林の立体的な林層をそのまま模倣して、有用な樹木、果物植物、薬草、穀物、野菜などを同時に育てます。すなわち、それは、森林を維持することにより自己施肥を働かせながら、その養分を持続的に農業に活用しつづけるのです。焼き畑が養分蓄積─利用を二〇〜三〇年のインターバルをもって行なうのに対し、こちらはそれを同時進行で行うものといえます。

よくよく考えてみれば、「自己施肥系」とは、なんとありがたい、驚くべきしくみでしょうか。

4 土は生きている

すべては腐植土から

前講から、森林の「無から有」を生み出す生産性を支える大きな秘密が、その土壌にありそうだということを予感していただけたのではないでしょうか。

そうです。土壌は、文字どおり森の基礎を支えているのです。

樹木は、その根を土壌中に深さ数メートル、幅数十メートルといったところまで張りめぐらせ、日本の森林では三〇～四〇メートル、熱帯雨林では五〇～六〇メートル、アメリカの西海岸のセコイアの森にいたっては一〇〇メートルを超える樹高を保ちます。土壌がなければ、ときによっては二〇〇〇トンにもなる（世界最大の樹木は、アメリカ西海岸のセコイヤスギ「シャーマン将軍」）巨体を支えることができません。また、葉からとり入れる太陽光エネルギーと二酸化炭素を除いて生命活動に必須の水と養分は、やはり、そのすべてを土壌中の根から吸い上げます。土壌が生命活動を根底で支えているのです。

そればかりではありません。後にくわしく見るように、国土保全、水資源涵養などの公益的機能も、多くは発達した森林土壌が生み出しています。

まさに森林の話は、この重要な「土壌」からはじめなければならないのです。いみじくも、農業の分野でも「すべては土づくりから」といわれています。

発達した森林土壌の構造

それでは、森林にとってもっとも望ましい土壌とはどんなものでしょうか。前講で「土壌生成作用」ということに触れましたが、つまりはよい土壌とはこの土壌生成作用が進んだものであり、それは図1の断面図のような構造をしています。

土壌は表面から深部へと、色や堅さそのほかの性質が変わるいくつかの層からできています。大きくは、上から順にA_0層、A層、B層、C層と分かれます。

地表面には落ち葉やその分解された物質が積もっており、これはA_0層と呼ばれています。このA_0層は「堆積腐植層」ともいわれますが、さらにこれはL層（leaf：葉、またはlitter：ゴミ）、F層（fermentation：醗酵）、H層（humus（ラテン語）：腐植）の三層に細分化されます。

順に「形をとどめている落葉層」「形は崩れていても植物組織を認める有機物層」「植物組織を認めない有機物層」です。

その下のA層、B層、C層は、大きくくくって「鉱質土層」と呼ばれていますが、A層が「腐植が多く暗色を呈する鉱質土層」、B層が「腐植が少なく明るい色の鉱質土層」、C層が「土壌化の進んでいない母材層」です。

発達した土壌は、垂直に切り取ればだいたいこのような構造をしています。もちろん、土壌として重要なのは、養分を含んでいるA_0層、A層、B層です。

こうした土壌は、なべて腐植の色の褐色をしているので「褐色森林土」と呼ばれます。日本では、森林の七十数パーセントはこの褐色森林土が占め、次に多いのが「黒色土」で、火山周辺の緩傾斜地に火山灰が積もった土壌です。火山灰の化学的性質から褐色というよりも黒に近いことから、そう呼ばれますが、はやり土壌が発達したところでは、構造は同じです。

このように土壌は、岩石などの母材が風化したり火山灰が積もったところに、植物の遺体などが土壌動物や微生物の活動によって分解されて混入することによって、長い年月かかって生成されていきます（腐植

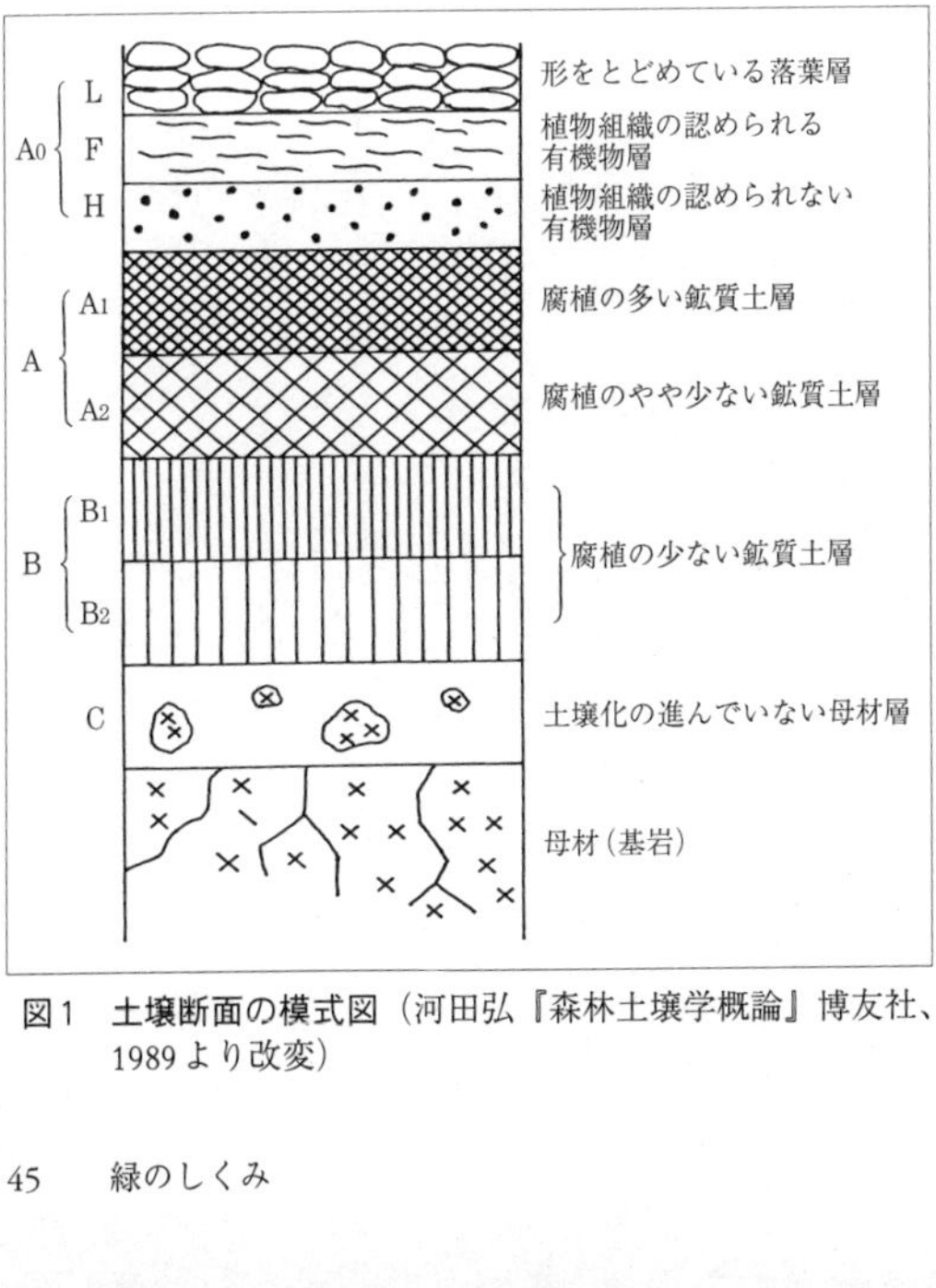

図1　**土壌断面の模式図**（河田弘『森林土壌学概論』博友社、1989より改変）

が混じらない土は「土壌」とは呼ばれない)。日本のような温帯では、その生成のスピードは、一〇〇年でようやく一～二センチということです。

そんな遅々としたスピードですが、それでも日本などの温帯あたりが成長はもっとも速いようです。熱帯雨林では、分解や樹木の吸収が速すぎて土壌は意外に発達しません。リターもシロアリやゴキブリの仲間にすぐに食べられ微生物に分解され、旺盛な成長をつづける植物に早々と吸収されてしまうからです。要は、物質循環の回転が速すぎて土壌に養分が蓄積されないのです。

熱帯雨林が一度破壊されると、なかなか回復がむずかしいのは、熱帯特有のはげしい雨滴によって表層土が流出しやすいということもありますが、その薄さのせいでもあります。先に焼き畑に触れましたが、それも土壌の発達しやすい温帯あたりに適した方法であって、熱帯雨林では、一度森林を焼き払えばとり返しがつかず、循環利用ができない場合もしばしばあるのです。

一方、タイガなどの北方林では、逆に寒さのせいで土壌生物も不活発で分解があまり進まず、土壌ができにくいのはわかりやすい話でしょう。

このように、温帯が土壌の発達ではいちばん恵まれているのですが、その温帯でさえ一〇〇年間でわずか一～二センチというスピードです。地球上で温帯を中心に文明が繁栄しているのは、このような生産力に富んだ、発達した土壌のおかげなのかもしれません。日本が、狭い島国と高い人口密度という条件下で国土を酷使してきたにもかかわらず、いまなおそれなりに豊かな土地生産性を失っていないのは、そのような土壌発達に恵まれた温帯に位置しているおかげかもしれません。

ともあれ、そのように貴重な土壌ですから、破壊されたり、流亡したりすると一朝一夕にはとりかえしがつかないのです。メソポタミアや黄河などの古代文明の勃興《ぼっこう》以降、森林の消滅による土壌の破壊・流亡とともに多くの文明都市が滅亡した事実がそれを示唆しています。

森林の「公益的機能」にかかわる多くの機能、たとえば土砂崩壊・流出防止や水資源涵養の働きも、この発達した土壌によってもたらされることは、この講の最初のほうでも指摘しましたし、後にもさらにくわしく見ます。

しかし、「環境の森」におけるそうした土壌作用の前に、土壌生成に貢献する小動物や微生物などミクロな生きものの世界を見ておきましょう。土壌自体、成長をつづけるという意味でも「土は生きている」のですが、その土壌生成の背景には、それ以上に驚くべき生きものたちの賑わう世界があります。

土壌が成長するのも彼らの黙々とした働きのおかげなのです。

5 靴一足の下にもゴマンの生きもの

森林土壌は、驚くべき命賑わう世界

森林には、いろいろな植物が育ち、膨大なそれら第一次生産者を食料と住み処《か》にしてさまざまな小動物や微生物が生きています。植物という「生産者」の膨大なかたまりである森林生態系は、ですから、本来的に生物種が豊かなのです。

私たちの目にはあまり触れませんが、とりわけ土壌中には驚くべき生物が賑わう世界がありま す。それは、次の事実を見ただけでも容易に理解できるでしょう。

森林では、植物が光合成でつくり出す第一次生産のうち、地上の動物など植食動物によって生食連鎖で消費されるのは、葉、花や果実のほんの一部にしかすぎず、総生産の一～数パーセントに満たないといわれています。残りの九十数パーセントは、人間が林産物として森林から取り出さないかぎり、最終的には枯死して林地に還され、土壌生物の腐食連鎖の食料になるのです。そして最後は跡形もなく彼らによって分解されつくします。その計算から単純にいっても地上の二〇倍以上の腐食連鎖の生物活動が土壌中でなされている、つまりは生物の賑わいがあるはずです。

地球のもう一つの大きな生態系である海洋では、植物プランクトンなどの第一次生産の五～六

〇パーセントが動物プランクトンや魚によって生食連鎖で消費されているのと比較しても、森林生態系のその腐食連鎖の大きさがわかります。

実際ほとんど目には触れませんが、森林の土壌中は信じられないほどの生きものの賑わう世界なのです。その土壌生物は、大きくは土壌動物と微生物に分けられます。

そのうちの土壌中の動物ではたとえば志賀高原のオオシラビソの森での調査によると、一平方メートルの落葉層に線虫二一二万、ヒメミミズ一三万、ダニ四万、トビムシ二万六千、コムカデ一八〇という頭数が生息していました（「国際生物学計画プロジェクト」の研究）。

もう一方の分解者である微生物はその比ではありません。小動物は平方メートル単位ですが、微生物はそれではあまりに数字が大きくなりすぎますのでグラム単位で表されます。この微生物にはバクテリア、カビ類、藻類、原虫などが含まれますが、一グラムの乾いた土壌中に、なんと万から数十万というオーダーだということです。

このほかに、平方メートルやグラム単位で表されるオーダーではありませんが、より大型の動物では哺乳類のモグラやトガリネズミも土壌中で生活しています。

そこには、やはり食う食われるの食物連鎖が緊密にはりめぐらされています。落ち葉など腐植有機物を食べるミミズ、ダンゴムシ、ササラダニなどの腐食動物、菌類やバクテリアなどの微生物を食べるトビムシ、ダニなどの微生物食動物、他の動物を食べるクモ、ムカデ、オサムシなどの捕食性動物、さらにそれら小動物を食べるモグラなどの大型動物といった関係です。それは、あまりに複雑に絡み合っているので、食物連鎖というよりも「食物網」と呼ばれることもあるほどです。

そうした網のように絡まった複雑な活動が、分解者として生態系を回し、結果として土壌をつくっています。

日本などの温帯では条件さえよければ、落ち葉などリターは一～二年で跡形もなく分解されてしまうといわれます。そして噛《か》み砕かれた腐植物や分解された養分は、小動物自身の上下移動にともなって、もしくは浸透する雨水に溶け込むことよってA層、B層の鉱質土層に混じっていきます。

それだけではありません。特に小動物は、植物の生育や、後に述べる水資源涵養、国土保全に役立つ土づくりに見逃せない働きをしています。

豊穣の星—地球の土壌は土壌生物がつくる

よく発達した森林土壌の上を歩くと、絨毯のようにふかふかです。また土をつかむとスポンジのように柔らかく弾力がある。それは、細かく分解された腐植が土の粒子と結びついた団粒構造が発達しているからなのです。団粒のなかの土粒子間（団粒内間隙）のほかに、団粒と団粒の間にもさらに団粒間間隙という別のすき間が加わってスポンジのようになっているのです。

そのような土壌をつくるうえで最大の貢献をするのがミミズだといわれます。ミミズは口から腐植物を含んだ土を食べ、食料として吸収するのは二〇パーセントほどで、残り八〇パーセントは団粒状の糞として排泄します。進化論で有名なダーウィンもすでに一二〇年も前（一八八一年）に『ミミズの習性に関する観察と、ミミズの活動による有機土壌の形成』という論文を発表し、土壌がミミズによって絶えず耕されていることを明らかにしています。大きさにもよりますが、ミミズ一匹が一年で実に平均一トン近い土を耕すといわれます。ミミズが「大地の腸」と呼ばれるゆえんです。

そのミミズが、これも別のデータによると志賀高原にあるオオシラビソの森では一平方メートルあたり一二・八個体存在するということですから、膨大な量の団粒構造の土がつくられているのでしょう（「国際生物学計画プロジェクト」の研究）。ミミズのほかに、アリ、コガネムシ、セミの幼虫など同じような仕事をしているものもいます。

森林の発達した土壌中には、こうしたふかふかの団粒構造のほかに、ケラやモグラの通ったトンネル、植物の根が腐った跡など大小のすき間が無数にあり、通気性、保水性、透水性のいずれにもすぐれています。

保水性と透水性は、ふつうに考えれば相反する関係のように思えますが、団粒構造と、無数の大小のすき間の発達した森林褐色土のような土壌では矛盾なく両立します。そのような土壌では、大きなすき間（粗孔隙という）と小さなすき間（細孔隙という）があり、水は大きな孔隙では素早く動き、細かな孔隙では毛細管現象でしっかり保持されるからです。

こうした土壌が植物の生長に適していることはことさらいうまでもないでしょう。生長に欠かせない水分や養分の吸収に好都合なうえに、植物の根も活発に呼吸をしていますから、通気性にすぐれ、酸素もより多く取り入れることができるからです。

土壌生物の活動が活発であれば、土壌が発達し植物もよく育つ。逆に植物がよく育ち有機物の生産も活発であれば、食料、住み処も多くなり、土壌生物も賑わいます。両者は持ちつ持たれつ、切っても切れない関係にあります。いずれもが活発であれば、おのずからますます良循環し生産力を増していくのです。

この豊穣を生み出す土壌があるのは、太陽系のなかでも生命活動に溢れた地球だけです。生物が陸に上がってきたのはおよそ四・五億年前と推測されていますが、土壌は、その生物上陸以降の営々とした生物の活動のおかげでつくられてきた地表数十センチあるかないかの薄い層なのです。たかだか数十センチの層が、地球の生産力を根底で支えています。

そこを住み処にしている生き物は、微生物にいたっては一グラムでも数十万という単位ですから、小動物、大型動物も加えれば、一平方メートルといわず、森林に踏み入れた私たちの靴一足の下にさえ土壌生物が五万どころではなく、文字どおり数えきれないほどゴマンといるのです。土壌をつくり森林を根底で支えるこのような小動物や微生物は、ミミズ、線虫、ダニ、ヤスデ、菌類などと、確かに目で見て耳で聞いて気持ちのいいものではないかもしれません。しかし、彼らの隠れた働きのおかげで土壌もでき、有機物生産で地球最大の生態系・森林は回っています。彼らがいなければ、私たちの生存もないといっても過言ではないのです。

そう考えれば、あらためて感謝と愛しさの念が感じられてきませんか。

環境の森

ヒノキ

このように土壌中の生きものたちのおかげで団粒構造の発達したふかふかの土もできました。
そしてそこに森林も発達しました。
それでは、その土壌や森林が私たちにもたらしてくれる働きに入っていきましょう。
まずは、「環境の森」です。

6 森が水をつくる？　国土を守る？

脱ダム宣言は正しいか？

森林生態系は、「環境の森」としての働き、すなわち土砂崩壊、流出防止などの国土保全や、水資源涵養といった機能をどのように果たすのでしょうか。タテマエではなくほんとうに森林生態系の「有り難さ」への感謝の心を失わないようにするためには、それをよく理解しておく必要があります。

　樹木が地中深く広く緊密に根を張れば、土や岩石をしっかり抱きとめ、土砂崩壊防止や流出防止に役立つことは、それなりにわかりやすい話でしょう。しかしそれ以上に、実は土壌発達による水源涵養機能が、結果として土砂崩壊防止や流出防止にも役立っているのです。なぜなら土砂崩壊や流出には水の動きが大きく関係しているからです。その点で水源涵養を理解することが、国土保全を含めた「環境の森」トータルの働きを知るうえで本筋といえると思います。

　田中康男長野県知事の脱ダム宣言以来、森林が「緑のダム」として注目されています。「緑のダム」とは、森林が洪水を軽減し渇水を緩和するコンクリート・ダムに代わる機能をもっていることを指していることはいうまでもありません。より正しくいえば、水を一時貯留し、徐々に流出させる機能です。

　しかし、大きな話題にはなっていますが、森と水の関係は、まだわかっていないことも多く、その真相はよくは解明されていないようです。江戸時代の昔から経験的には「森が水をつくる」といわれ、「水《みず》野《の》目《め》山《やま》」（秋田・佐竹藩）などと呼ばれて、森林が大切にされてきましたが、科学的にそのメカニズムを解こうとするのは、意外とむずかしいようです。そこにはいささか複雑な要因が絡んでいるからです。「緑のダム」機能についても、後でも見るように、まだ多くの論争があります。

ともあれ、「森と水」を理解するためには、まず森林での水の循環を知らなければなりません（図2参照）。

森林の水の循環は、いうまでもなく降雨からはじまります。森林に降った雨は、まず林冠の葉で遮断されます。そのままふたたび蒸発して大気に帰っていく場合もありますが、大半の残った雨水は、二つのルートを通って林床に達します。一つは、林内雨といって葉で受け止められた雨水が雫《しずく》となって林床に落ち、もう一つは、枝から幹を伝って（樹幹流という）地面に達するものです。

こうして林床に達した雨は、四つのルートを通って森林から出ていきます。一つは、やはり林

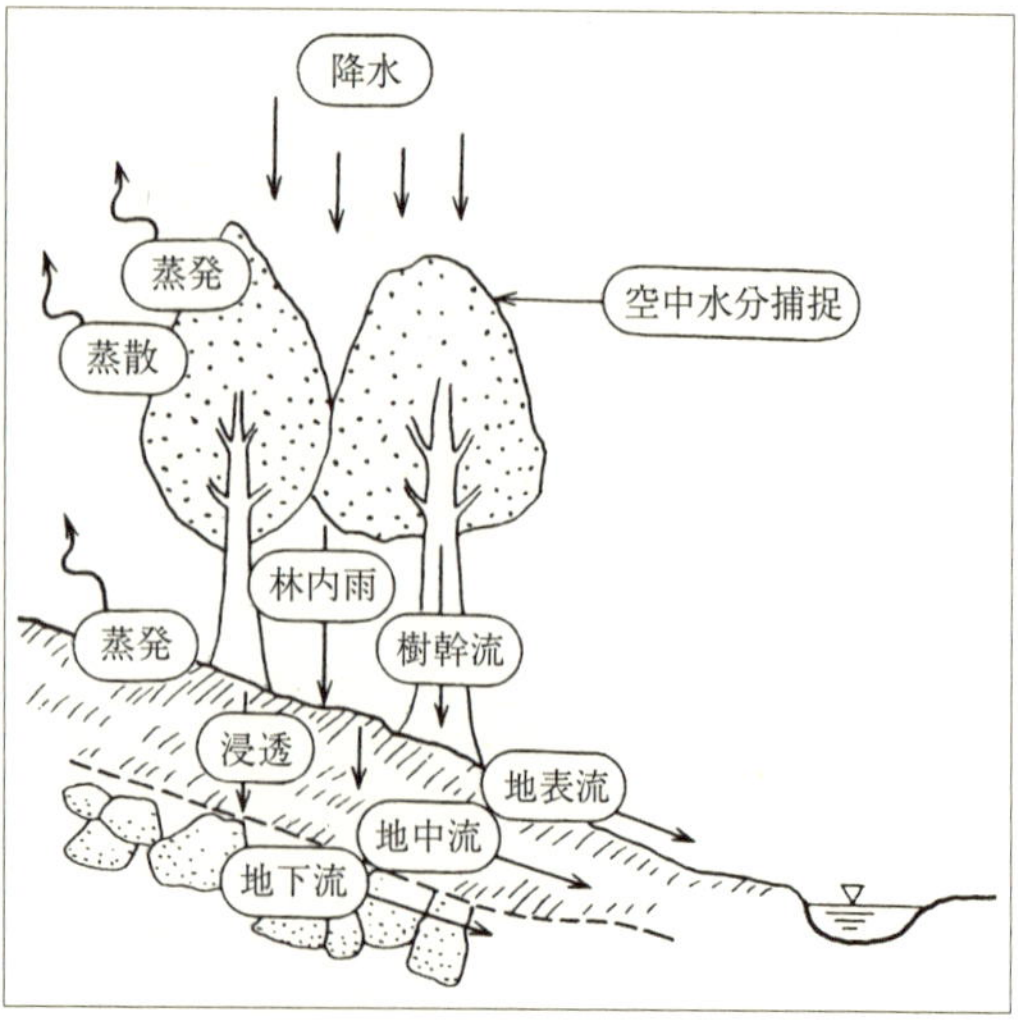

図2　森林の水の循環（只木良也『森と人間の文化史』NHKブックス、1988より）

床から蒸発するルートであり、二つ目は、植物自体が根から吸い上げ葉から大気中に蒸散するルートです。この二つに葉の遮断による蒸発をあわせて、ふたたび大気に帰ることを蒸発散といいますが、その量は意外に大きく、森林に降った雨の約三〇～四〇パーセントは蒸発散で失われるというデータがあります。

残りが三つ目、四つ目のルートを通ります。そのまま地表を流れ、川に出ていくもの、そしてもう一つは、土中に浸透し、地中流、地下流などの地中流となって最終的には川に出ていくものです。

もちろん、「緑のダム」に関係するのは、この二つ、地表流と地中流です。大雨時に地表流が多く発生すれば、雨は一気に川に流れ込み、洪水を引き起こす。一方、雨の多くがまず土壌に浸透し、地中流となって徐々に流下すれば、洪水は起こりません。この地中への浸透と水を閉じ込める能力、すなわち透水性と保水性を左右するのが、団粒構造と孔隙の発達した土壌です。落ち葉・腐植の堆積や孔隙の多い森林土壌が透水性や保水性にすぐれているのは、土壌のところでも説明したとおりです。

実際、森林が雨を浸透させる能力は、草地や裸地とくらべて草地の倍、裸地の三倍あまりという大きな差があります（表２参照）。

表2　雨の浸透能力の比較［単位：mm/ha］

林地平均	258.2
草地平均	127.7
裸地平均	79.2

「地被別の浸透能」（村井ら、1975）

こうして、透水性や保水性が高いと洪水が防げる理由は、それなりに理解できます。
それでは、渇水の緩和にはどう働くのでしょうか。それも理解は簡単のように思えます。
森林土壌には、大小の孔隙が発達しています。大きな孔隙では水が素早く動き、小さな孔隙ではゆっくり動きます。おもにはこの後者の保水力によって水は、土壌中に貯えられ、雨が上がった後も徐々に川に流れつづけます。

このように、森林は受け止めた水の放出のピークを低くし、徐々に放出するメカニズムをもっており、これを「水量平準化」といいますが、要は、洪水と渇水を緩和する「緑のダム」機能は、森林のこの能力に負っているのです。

といっても、この「緑のダム」で、洪水や渇水が無限に防げるかといえば、そうではありません。脱ダム宣言後も、賛成派、反対派で活発な議論がつづいているのは、まだ専門家の間でもその機能の評価についてすんなりと決着がついていないからです。そのメカニズムの解明は、ことのほかむずかしいのです。

大きな争点は、一つは、洪水防止に関して、森林が透水性と保水性にすぐれていることはまちがいないとしても、その浸透と保水能力が飽和してしまうような大雨がふれば、「緑のダム」だけでは洪水は防ぎきれない、コンクリート・ダムもやはり必要だというもの、いわば「どの程度に効果的か」というレベルの問題です。いま一つ渇水の緩和についても、先にも見たように樹木は蒸発散でそのまま水を大気に返してしまう、すなわち森林は「水をつくる」のではなく「水を奪う」側面もあるからです。実際、雨の少ない渇水期には逆に蒸発散で川に流出させる水量を減らしてしまうことも、たしかにあるのです。

しかし、渇水については、雨量が多く雨期、乾期の区別のあまりない日本のようなところでは、あまり問題にされず、ことに大きな争点になっているのは前者の洪水防止です。

いずれにしても、程度の問題はあるにせよ、森林が水を一時貯留し、徐々に流出させることはまちがいなく、水源涵養機能において森林が大切であることは論をまちません。一説では、首都圏の上水と治水の生命線—利根川上流をおおう森林の有効貯水能力は、そこに造設されているコンクリート・ダムの一〇倍にものぼるといいます。

この、水を土中にしみ込ませ地表流を発生させないことが、大きく土砂流出、崩壊防止にも役立っています。地表流は、一カ所に集まり小さな溝（リル侵食）や、やがてそれらが集まって大きな溝（ガリー侵食）といったV状の溝をつくり、土砂を削って崩壊に導くのです。

それればかりではありません。土砂が崩壊、流出すると、渓流、河川やダムも土砂で埋まってしまいます。そうなると、より洪水が起こりやすくなるのは容易に理解できるでしょう。いま多くのダムでも、崩壊・流出による土砂堆積でダム自体が埋まり、貯水能力を減らしています。多くのダムがあと何十年かでその能力を失ってしまうともいわれています。それらの原因となる土砂崩壊・流出を防ぐ森林は、こうした意味でもダム機能を果たしているのです。

山島日本は、特に健全な森林が必要

こうしてみると、孔隙の発達した土壌が、水源涵養機能を果たしていると同時に、土砂流出、崩壊防止機能も果たし、それがまたダム機能を向上させるといったすこぶる複雑なメカニズムが理解できます。

日本は地層が複雑なうえ傾斜地が多く、土砂が流出、崩壊しやすい国土です。また、梅雨、台風など大雨の降りやすい気候風土です。

明治初期に来日し、治山治水史上有名な滋賀県田上山系事業でも活躍したオランダ人治水技師デ・レーケが「日本の川は、川というより滝だ」といったように、河川も一般に短く急流でせっかくの降雨も一気に海に流れ出てしまいます。まさに日本は山国というより「山島」というべきなのです（写真1参照）。

こうした国土をもった日本では、特に森林の国土保全機能や水資源涵養機能が求められています。

そして、この水源涵養機能には、森林の樹種、森の状態が大きく関係しているのです。日本は森林率が六七パーセントと高く、数字のうえからは万々歳のように思えますが、あいにくそうともいいきれません。

昭和四〇年代までの木材増産を目的とした「拡大造林」によって植えられたスギ林やヒノキ林は、その後の林業崩壊で手入れがされず放置状態となっています。そうなると、常緑針葉樹林は一年中緑におおわれ光が入らないため下層植物が育たず、特にヒノキは鱗片状の落ち葉が雨に流れやすく土壌が発達しないため、こうした人工の森林は国土保全や水資源涵養機能を低下させているのです。

写真1　田上山系治水のために、明治時代に築かれた「オランダ堰堤」とデ・レーケ胸像（写真：豊島功）

一般に「環境の森」としての働きには針葉樹より落葉広葉樹がすぐれているといわれています。いま水源涵養保安林などで、針葉樹から広葉樹に返す「縮小造林」（このような言葉があるわけではありません。私の造語です）、あるいは、スギ、ヒノキの一斉林を針広混交林に導く試みが行われているのはそうした背景からです。といっても、人工林がまったくダメというのではなく、間伐や枝打ちなどの手入れで林床を明るくしてやれば下層の広葉樹や草本などの下草も生え、広葉樹の森とあまり変わらない機能を発揮するようになります。本来のいい材木をつくるという間伐や枝打ちの作業目的のほかにも、この点からも人工林の手入れが急務になっているのです。こうした人工林の管理については、「生産の森」のところで、よりくわしく触れるつもりです。

二一世紀は、人口爆発、地球温暖化による気象変動なども絡んで、水の世紀、水をめぐっての争いとなるのは必至といわれます。基本的な食料である穀物を育てるにも多くの水が必要です。この水の面では、雨量の多い日本は、森さえ豊かであれば、そして人工林もちゃんと手入れさえされていれば、渇水に泣くことはまずありません。まことにありがたいことです。

7 森は水をきれいにする、栄養豊富にする

森林から出てくる水が飲めるのはなぜ？

奥山に入れば、渓流にはきれいな水が湧き出したり、流れていて、そのままおいしく飲めるところも多々あります。

森は、水をきれいにする。あらためて考える必要のないあたり前のことのようですが、しかし、もう少し考えると不思議に思えてきませんか。私自身は、以前は不思議に思えてなりませんでした。

これまでにも見てきたように、林床には枯死した植物、動物が横たわります。地中にはまたゴマンの生きものが棲んでおり、彼らも代謝や排泄をします。それら枯死した有機物や排泄物が水にまぎれこむことはないのでしょうか。

この疑問を解消する秘密も土壌が握っているのです。

まず前講で見たように、植生が豊かでなおかつ土壌が発達していれば、土砂の流出や崩壊がなくなり、水が濁るといったことがなくなることは、とりたてて説明する必要はないでしょう。また地下に沁みこんだ水が、移動する間に鉱物層によって濾過されることも確かでしょう。このよ

うに、「沁みこませる」という土壌の機能自体が水をきれいにしているともいえます。

しかしそれだけではありません。森林土壌には、水をきれいにする「化学的」な働きが隠れているのです。かなり専門的でむずかしいプロセスのため、あまり深入りするつもりはありませんが、それはおおまかには次のようなプロセスに負っているようです。

先の林床の有機物も、土壌中の小動物や菌類などの分解者によって分解され、ミネラルなどの物質はイオンとなって水に溶け、その多くは、植物の根によってさかんに吸収され減っていく。こうして、植相が豊かであればあるほど、水はきれいになるともいえます。

また、植物に吸収されずあまった物質もまた水に溶けたイオンとなり、土壌粒子に吸着されるのです。

森林土壌中の腐植と粘土はコロイド（微粒子が凝固せず分散した状態を保つ物質）を形成し、このコロイドはマイナスに帯電していて、水に溶けて陽イオンとなった物質（ミネラルなど）をひきつけておくことができる。なんと土壌中では、電気作用の働きで、森林からの流出水の物質量調整がなされているのです。

といっても、蒸留水のようになにも含まない味気ないものにするわけではなく、ミネラル豊富な森林土壌に浸透し、鉱物層を通った水は、適度にそれらが溶けこんだおいしい水となるのです。森林からの流出水を雨などの森林への流入水と比較すると、有機物、窒素、リン、塩素などは減少し、カリウム、カルシウムなどのミネラルが増え、そのためにおいしくなっているといいます。森林土壌が水を土中にしみこませるということがなければ、こうした芸当はできません。

森が死ねば、川は姿を変え、海は病む

飲んでおいしいだけでなく、森林から流れ出た豊かなミネラルを含んだ水は、下流の河川生態系、海洋生態系をも支えています。

「森が魚を育てる」、これは最近とみに喧伝されるようになった言葉ですが、事実、カキの養殖のさかんな三陸や広島をはじめ全国で近年、漁場の「磯焼け」回避のために海の漁師が山に木を植えているのは、こうしたことがあるからです。森林から流れ出た豊かなミネラル水が、植物プランクトンや藻類を育て、ひいては魚や貝などの海産物の豊穣をもたらすからです。川や海の生産力を根底で支える第一次生産者の植物プランクトンや藻類も、その繁殖のためにはミネラルなどの養分を必要とすることはいうまでもありません。森林が養分の補給をやめれば、まさに「森が死ねば川は姿を変え、海は病む」（長崎福三『システムとしての〈森―川―海〉魚付林の視点から』一五頁）のです。

また、これもことさらいうまでもなく、水田にミネラルを供給するのも、もとをたどれば森林土壌の働きです。「森が稲を育てる」、稲が同じ水田でいつまでも連作できるのは、引き入れる水

によって連作で不足しがちな養分がたえず補給されるからです。稲のように何十年、何百年同じ土地で連作できる作物はめったにありません。

一説では、米は単位面積あたり小麦の二〇倍近い生産性をもたらすといいます。それも巡りめぐって考えてみれば森林のおかげといえるのではないでしょうか。

8 地球温暖化と森林

森林は巨大な炭素貯蔵庫

これまでに見てきた森林の国土保全や水資源涵養の働きは、日本なら日本、日本でもある地域なら地域、いわばローカルに森林のあるその地域にもたらす恩恵です。しかし森林は、地域をこえた地球規模でも恩恵をもたらします。いうまでもなく、地球温暖化の問題、すなわち森林の温室効果ガス・二酸化炭素の吸収、炭素貯留機能や、気象条件の緩和効果です。

「環境の森」の最後に、この大問題の「地球温暖化と森林」を考えておきましょう。ロシアの条約批准を受けて二〇〇五年二月に気候変動枠組条約・京都議定書も発効しましたので、トピックス的にも避けて通るわけにはいきません。

先にとり上げた青木が原も、かつてまったくの更地だったところに、いまのような大量のバイオマス（生物起源のエネルギー源）と地中の腐植物などの炭素貯留をしてきました。バイオマスの約半分が炭素といわれていますから、それだけ大気中の二酸化炭素を減らしてきたのです。一ヘクタールのバイオマスを仮に乾燥重量で五〇〇トン（四国のモミ林で六四〇トンというデータがある）としますと、その半分の二五〇トンが炭素となります。地上のバイオマスだけで考えてみても、それだけの炭素を吸収し、閉じ込め、大気から減らしてきたのです。さらにその倍近い炭素が、腐植物の形で土壌中に貯留されている。そうすると、一ヘクタールあたり七五〇トンという膨大な量が固定されていることになります。

大気中に無限に存在するように思える二酸化炭素が、地球の全表面積の一割しか占めていない有限の森林の吸収で影響をほんとうに受けるのか、誰しも抱く疑問ではないかと思います。しかし、実は大気中の二酸化炭素はそれほど大きな量ではなく、たかだか七六〇〇億トン、それに対して森林の貯留が一一四五〇億トンで、トータルに見ると森林は大気中の一・五倍強の炭素を貯留しているといいます。またいまの大気の成り立ちから見ても、すくなくとも陸上に森林が成立した、ここ二～三億年くらいでは、酸素をふやし二酸化炭素を減らしてきたのは森林なのです。いかに森林が二酸化炭素の循環に大きな役割を果たしているかがわかります。

このように森林は、炭素を固定・貯留し、大気中の二酸化炭素を減らすという直接的役割を果たしますが、もう一つ別の形で地球温暖化防止に貢献しています。それは、燃料や加工素材（加工されたものも最終的には廃棄され燃やされる）として石油や石炭などの化石燃料に代わり得るからです。化石燃料は、燃やせば大気中の炭酸ガスをふやすほかはありません。何億年という長い時間になされた、現在の地球の炭素循環外にある地中蓄積を、いまのままでは産業革命以来たかだか一〇〇年あまりで大気中に放出してしまい、一方通行だからです。

けれども、バイオマスは燃やしても、そのあと植林するなど森林を回復すればふたたび炭素が回収されます。そのようなバイオマスであれば、炭素が大気中との間で双方向で循環するだけですから、長い眼でみると大気中の二酸化炭素をふやすことはありません。このあたりもまた、後でもう少しくわしく見ることになるでしょう。

フトンの着過ぎで蒸れはじめている地球

ところでなぜ、二酸化炭素がそれほど悪者にされるのでしょうか。大気中の二酸化炭素は現在わずか〇・〇三パーセント（三〇〇ｐｐｍ）台です。仮に倍増したとしても人間や生物が窒息して死んでしまうわけではありません。

それはいうまでもなく温室効果というものによります。

太陽はその強力なエネルギーで地球を暖めますが、その大半はふたたび宇宙に逃げていきます。しかし二酸化炭素やメタンガス、水蒸気といったガスが、あたかも布団のように地球をおおい、放散される熱を閉じ込めているのです。これらを温室効果ガスといいますが、たとえばメタンガスは二酸化炭素の二一倍という温室効果をもたらすにもかかわらず、問題視されるのはメタンガスなどよりも大気中で量が圧倒的に多い二酸化炭素です。

それでは、温暖化によってなにが問題となるのでしょうか。寒い地方などでは暖かくなって暖房もいらず好都合ではないでしょうか。今回、条約を批准したロシアのプーチン大統領も、以前には「ロシアにとって暖かいことはいいことだ。毛皮を買う金も節約できる」と軽口をたたいていました（二〇〇三年）。

そんな呑気なことはいっていられないのです。

大気中の二酸化炭素は、産業革命前の一九世紀末には二八〇ｐｐｍでしたが、現在は三七〇ｐｐｍになっています。約一〇〇年あまりで三〇パーセント以上の増加です。このままいけば、二一世紀前半には六〇〇ｐｐｍになるといわれています。そうなると、産業革命前の倍以上です。

布団が一枚で済むところを二枚も着れば蒸れて仕方がありません。そうです。地球温暖化とは、ちょうど、着た布団が厚すぎて地球が蒸れはじめているといえばいいのでしょうか。事実、地球の平均気温が上昇をはじめています。研究者、機関によって数値はちがいますが、二一〇〇年までに地球全体で気温が一℃～三・五℃上昇すると予測されています（一九九五年度「気候変動に関する政府間パネル（ＩＣＣＰ）」の予測）。それくらい大したこともないようですが、短期間で平均気温がそれだけ上がるということはたいへんなことなのです。

それでは気温が上昇すると、どうなるでしょう。この地球温暖化がもたらす現象については、マスコミなどでも騒いでいるのでご承知でしょうが、まず南極や北極の氷が融け、また海水が膨張して、海面が上昇することが心配されています。太平洋の多くの島では水没の危険が増しています。もう一つ恐れられているのは、気候の変化です。「観測史上初」といった気象現象が近年とみに多くなりました。具体的には、気温が上がると蒸発散がふえ、雨が多くなり、したがって洪水が頻発する恐れがある。一方では、逆に雨の少ない乾燥地では蒸発散が多くなり、乾燥化、砂漠化がますます進行する可能性も大だといわれています。

また自然生態系にもたらす悪影響も心配されています。地球はこれまで、温暖期、氷河期を繰り返してきました。しかしそれは何千年、何万年単位の気温変動です。それくらいゆっくりとした変動に対しては、動きの鈍い植物も南北の平行移動や山地の上下移動によって対応してきました。しかしここ一〇〇年あまりの気温上昇は、それにくらべるとあまりに急激なものです。対応できず絶滅するものも多いといわれています。

そのほかでは、マラリアの蔓延など、熱帯性の疾病の拡大も心配されています。

温暖化阻止の決め手は、健全な森林をふやすこと

この大問題の温暖化を阻止するためには、二つの方法がさしあたり考えられます。一つは、化石燃料の使用を減らすことであり、具体的には冷暖房などの節約の一方、太陽光、風力、地熱など自然エネルギーの積極的活用などによる代替が求められます。いま一つは、炭素吸収源であり、貯留源である森林を保全することです。先にもいったように、森林は、直接、二酸化炭素を吸収

し、炭素固定を行うだけでなく、化石燃料の代替として、長期でみれば二酸化炭素をふやさない循環利用可能なバイオマスのかたまりです。積極的なバイオマスの活用と、跡地の森林の再生が求められます。このあたりについては、森林の取扱いと絡めて、後ほど「生産の森」のところでふたたび考えていきます。

いずれにしても、二酸化炭素削減に、一ヘクタールあたり数百トンもの炭素を蓄積できる森林が大きくかかわっていることにまちがいはありません。にもかかわらず、まだ地球上から毎年、広大な森林が消えていっています。熱帯林を中心に、年間に一〇〇〇万ヘクタールという日本の国土の四分の一に近い森林が消えており、その消えた分が二酸化炭素となって大気に帰っている。地球トータルでみると、いまでも森林は吸収源（シンク）というよりも、放出源（ソース）となっているのです。そのプラスマイナスの差し引きは、九〇億トンのプラス（放出）となっています。

日本の問題としてみれば、京都議定書で世界に約束した排出幅の吸収源（シンク）としても、森林の比重が大きく位置づけられています。約束した炭素排出削減量（二〇〇八～一二年平均で一九九〇年からの削減比）六パーセントのうち、三・九パーセント（削減量の六五パーセント）を森林の面積拡大と活性化で減らすとしています。日本の森林率は六七パーセントであって、これ以上の森林拡大はあまり現実的ではありません。また、森林が吸収源として活発なのは、健全で樹木が生長しているときですから、放りっぱなしの人工林の手入れが大きな意味をもっています。

京都議定書の舞台を回した国として、世界への約束を果たさなければ大恥です。森林への手当てを含め、待ったなしの取組みがなされなければなりません。実際には日本では、一九九〇年比で減どころか逆に八パーセントもふえており、削減が求められるのは一四パーセントです。

ご承知のとおり、地球の炭素排出量の二五パーセントを占める最大の排出国アメリカは、京都議定書を批准していません。

閑話休題――牛のゲップで太平洋の島が水没する?

嘘のような話ですが、牛などの反芻動物の胃からゲップとして排出されるメタンガスが無視できなくなってきているといいます。ハンバーガー用の肉牛牧畜のためにブラジルなどの熱帯雨林が牧場として切り開かれ森林が減少しています。

多くの要因が絡む因果関係をあつかう「複雑系」というむずかしい学問でいう「北京で蝶がはばたけばシカゴで嵐が起こる」ではありませんが、このまま世界中の人たちが食べるハンバーガーやビフテキが増えつづければ、熱帯林が焼かれ森林が減ることによる二酸化炭素の増加とあいまって、放牧する牛が排出するメタンガス増加のせいで太平洋の島が水没するなどということがあるかもしれません。

案外、「嘘のような話」ではないかもしれません。たとえばニュージーランドでは、人口四〇〇万人に対して、反芻動物である牛と羊の数は約五〇〇〇万頭、かの国が排出する温室効果ガスのうち、二酸化炭素が四五パーセントに対して動物がゲップで出すメタンガスが三一パーセントといいます。しかしメタンガスは先述のように二酸化炭素の二一倍の温室効果をもたらします。するとニュージーランドでは三一％×二一倍÷四五％＝約一五倍近くメタンガスのほうが温暖化を加速していることになります。ゲップを減らす醗酵飼料の研究が真剣になされているといいます。

憩いの森

ハンノキ

つづいて「憩いの森」に入っていきましょう。ところで、なぜ森林は「憩いの森」の役割を果たすのでしょうか？　森林は人間の心身にどんな効果をもたらすでしょうか？

「はじめに」でも、森林が私たちの気持ちを落ち着け、気分をなごませてくれることは、河合雅雄さんの文章にも触れながらお話しました。森林を生活の場としてきたヒトの、祖先からの深層記憶がそうさせるのではないかともいい添えておきました。

それもあるかもしれませんが、しかしそれだけではないようです。もっと科学的な根拠もあるようです。

9 フィトンチッドは、他の森林生物に対しては秘密化学兵器、人間にとっては？

フィトン＝植物、チッド＝殺す

最近、心身の健康の面で、あらためて「森林セラピー（療法）」とか「森林浴」などが話題になっています。

林野庁は、平成一六年度より「森林系環境要素が人の生理的効果に及ぼす影響の解明」に着手しました。また産学官連携による「森林セラピー研究会」も立ち上げました。その狙いを、官庁らしいもってまわったいい方ですが、次のようにいっています。

「森林浴がもたらすストレス・ホルモンの変化、脳活動の変化等の生理的反応を解明するとともに、音、風景、香り等の森林環境要素が人の五感に与える影響を野外・室内において実証していくこととし、それらの結果を基に、効果的な森林療法メニュー及び森林療法を可能にする最適森林環境の態様を明らかにしていく」（林野庁プレス・リリースより）

着手したばかりでその成果がどう出てくるのかまだわかりませんが、その取組みのなかでもフィトンチッドの効果の解明は中心の一つでしょう。「森林浴」といえば、即「フィトンチッド」と結びつくのは、皆さんも同じかもしれません。

「フィトンチッド」とは、なんでしょうか。それは一般的には「森の香り」「木の香り」などとやさしく呼ばれますが、そのネーミングの原義をいえば「フィトン＝植物（が）」「チッド＝殺す」という物騒なものです。

植物は動物のように動くことはできません。そのためにほかの植物からの被圧や虫、菌類の攻撃から逃げることができず無防備のように思えます。しかしその代わりに見事な攻撃・防衛体制をもっています。驚くほど多様な化学物質をつくり出し、敵を寄せつけなかったり、場合によっては殺すことによって身を守っているのです。抗菌、殺虫、ほかの植物の成長抑制といった作用を起こす物質であり、まさに植物の秘密化学兵器といっていいかもしれません。動けないからこそ、そのような多彩な防御兵器を発達させてきたのでしょう。

もとよりそうした化学物質を、防御のために葉や幹の植物体そのもののなかにも備えています。芳香植物から抽出した精油によるアロマテラピーや、後の「生産の森」でとり上げる「薬」も、同じ化学物質がもたらす他の側面の活用でしょうが、ここではその植物が森林内に発散する物質の作用について見ておきましょう。

植物本体にも含まれているのですが、一般的にはそのまわりに発散する化学物質を総称して「フィトンチッド」といいます。このように積極的に化学兵器として使う、これが、原義の「フィトン＝植物（が）」「チッド＝殺す」の名前が生れてきた背景です。

多くの植物で、そうした化学兵器としての作用が明らかになっています。挙げればきりがありませんが、代表的なところでは、クルミは、ほかの草木を忌避させる物質を出しているため、その下にはあまりほかの植物が生えません。またケムシなどの植食昆虫に対しても、いろいろな成分を発散して身を守っている植物も多いようです。たとえばハンノキやヤナギでは、虫にかじられると葉の成分をかじられにくいものに変え、それだけではなく、虫に襲われたことをまわりの木に警告するフィトンチッドを発しているといいます。コミュニケーションし、助け合って集団防衛体制を築いているものもあるのです。動けない植物も思いのほか活動的です。

さらに、もっともわかりやすい植物の防御作用は菌類に対するもので、昔からの日本人の生活の知恵がそれを証しています。かつては、魚屋に行けば、鮮魚がヒノキやサワラ（魚の鰆《さわら》ではなく、木の椹《さわら》）の葉に載せられているのを見かけました。それらヒノキ科の植物が出している抗菌フィトンチッドや酸化防止フィトンチッドでカビや細菌の繁殖を防ぎ、鮮度を維持しているのです。また柿の葉寿司や笹の葉寿司といった葉っぱの活用も食品を腐りにくくするなんらかのフィトンチッドを利用しているのかもしれません。

毒と薬は紙一重

このように森のなかにはいろいろなフィトンチッドの秘密化学兵器が飛びかい、植物は身を守っています。しかし、森に入る人間にとってはフィトンチッドは「兵器」としてではなく、「薬」として作用するようです。

よくいわれるように「毒と薬」は紙一重の関係で、大量では毒ですが、適量ならば薬となるものが多い。森林内の大気に発散されるフィトンチッドの濃度は、ｐｐｍ（〇・〇〇一パーセント）のまだ千分の一のオーダー（ｐｐｂ）で、数百ｐｐｂから数十ｐｐｂといいます。大気中の二酸化炭素の濃度が三〇〇ｐｐｍ（〇・三パーセント）台ですから、それよりも千分の一から万分の一とはるかに薄いのです。

写真２　森林浴

ちなみにフィトンチッドは、天気のよい、風のない午前中の針葉樹林のなかがもっとも多いということですが、それでもこんな濃度なのです。ですから、蒸せかえるような匂いではなく、あるかなきかのほのかな香りにしかすぎません。

そのような少量（適量？）のフィトンチッドは、人間にさまざまな生理的効果をもたらすことが知られています。具体的には、ストレスを解きほぐし、やすらぎを与える副交感神経の活動を活発にする作用です。

現代人はつねにストレスで緊張状態を強いられ、交感神経が興奮しています。森のなかにもっとも多いといわれるα-ピネンというテルペン類のフィトンチッドは、実際にこの交感神経の活動をおさえ、心身にやすらぎをもたらす副交感神経を活発にするというデータが得られています。

そうしたさまざまな実験データは、たとえば宮崎良文著『森林浴はなぜ体にいいか』（文春新書）に示されています。その本には、フィトンチッド物質ばかりでなく、森林が視覚、聴覚などを通して人間にもたらす生理的、心理的効果が、さまざまな実験データとして示されています。視覚であれば森林内の緑あふれる風景、聴覚であれば小川のせせらぎや小鳥のさえずり、いずれもがそれぞれ単独でも効果をもたらすようですが、実際にはフィトンチッドを含めそれらが相乗して森に入る私たちにやすらぎや癒しをもたらしてくれるのでしょう。

また林野庁が（社）森林レクリエーション協会に委託したプロジェクトでは、森林での適度な運動により、①免疫機能を有するナチュラル・キラー（NK）細胞の活性が有意に上昇、②ストレス・ホルモンであるコルチゾールが有意に減少、といった研究結果が得られています。

先に触れた林野庁の「森林系環境要素が人の生理的効果に及ぼす影響の解明」や「森林セラピー研究会」のプロジェクトは、このような森林のもたらすいろいろな効果のさらなる科学的解明を目指していくのでしょう。その成果が待たれます。コンピューター社会で「テクノストレス」

がつのっていく現代人にとって、森林による癒しがますます貴重になってくるのではないでしょうか。

しかし、それほど「科学的」裏づけをもたせる必要はないかもしれません。

なにはともあれ、私たちが森林に入ってリフレッシュするのは体験的にもまちがいのないところですから。私自身は、森の空気を一日でも吸わないと元気が出ないといっても過言ではありません。

林野庁でも、国有林を「レクリエーションの森」として、いろいろなジャンルの森を国民に開放しています。次の「学習の森」にも関係しますので、それを一覧しておきましょう（表3参照）。

もちろん、こうしたそれぞれの目的のために整備されたところでなくても、森林浴やそぞろ歩きのできる、より身近な森はいくらでもあります。

忙しく、ストレスも多いビジネスマンの方がたこそ、ときどきは森のなかに入るべきです。

表3 「レクリエーションの森」

種　類	特　徴	代表例
自然休養林	特に風景が美しく、保健休養に適している森林です。自然探勝、登山、ハイキング、キャンプなど多様な森林レクリエーションを楽しむことができます。	高尾山（東京都） 箕面（大阪府）
自然観察教育林	自然科学教育や自然観察に適している森林です。自然探勝を楽しみながら植生、野鳥などの観察や森林の働きなどを学ぶことができます。	箱根（神奈川県） 軽井沢（長野県）
森林スポーツ林	森林とふれあいながらスポーツを楽しめる森林です。キャンプ、フィールドアスレチック、サイクリングなど、アウトドアライフを楽しむことができます。	八甲田山（青森県） 扇ノ仙（鳥取県）
野外スポーツ地域	雄大な自然と新鮮な空間に浸り、スキー、テニスなどのスポーツを楽しむことができます。	蔵王（山形県） 五ヶ瀬（宮崎県）
風致探勝林	山岳、湖沼、渓谷などが一体となった美しい自然景観の探勝を楽しめる森林で遊歩道などを利用して、さまざまな樹木、四季折々の自然の織りなす彩りを楽しむことができます。	上高地（長野県） 駒ヶ岳（長野県）
風景林	名所、旧跡などと一体となって景勝地を形作ったり、展望台などから眺望される美しい森林です。	嵐山（京都府） 宮島（広島県）

（林野庁ホームページより）

学習の森

ブナ

つづいて「学習の森」です。この「学習の森」は、「環境の森」、「憩いの森」、「学習の森」、「野生の森」、「生産の森」といった森林機能の五つのくくり直しのなかでもっともわかりにくいと思いますので、ここでもう一度、日本学術会議の分類からおさらいをしておきますと、「文化機能」すなわち、景観（ランドスケープ）・風致、学習・教育、芸術、伝統文化など人間の精神文化に森林を中心とした自然がかかわる働きです。

先の「憩いの森」が、心身のリフレッシュなど、いわば一時的な影響であるのに対して、こちらは、より長期的に根底的に人びとの精神文化にもたらすものといえます。それだけに、とらえどころのない機能といえるかもしれません。

森林、あるいはより広くは自然が「環境」として人間文化・社会に大きく影響を与えることは、あの和辻哲郎の名著『風土』をまつまでもなく、多くの人にも納得していただけるところでしょう。

それでは、私たちが影響を受ける日本の自然とはいったいどのようなものなのでしょうか。それを具体的に見ておきましょう。

10 日本人の精神文化の背景にあるもの

生産力に富み、彩り豊かな日本の自然

私たちは、その環境のなかに生れ落ち、どっぷり漬かっているために、あまり気がつきませんが、日本はたいへん豊かな自然に恵まれています。それは、生産力にすぐれ、そのおかげで植物、動物の棲息種数を含め、きわめて多彩で、変化に富んでいます。

それでは、そうした豊かさと多彩さをなにが支えているのかを考えてみましょう。

まず、植物、つづいて動物について考えてみましょう。なぜ植物が先か。それは、「生態系」のところでお話したように、植物が「生産者」で、動物が「消費者」だからです。生産が豊かなら、おのずから消費も豊かになります。

まず、植物について、たとえば、同じ島国で、陸地面積も近いイギリスと、維管束植物の種数を比較して見ましょう（表4参照）。維管束植物というのは、水や養分を輸送する「維管束」をも

った高等植物、つまりシダ類と種子をつける植物のことです。面積は約一・五倍ですが、種数は三・五倍近くです。

なぜこのように、日本の植物相は豊かなのでしょうか。

植物の生長には、温度と水が大きく影響します。まずその点で日本は、非常に恵まれています。日本は、亜熱帯の沖縄から、亜寒帯の北海道まで約三〇〇〇キロメートルにわたる長い列島です。温度分布からいっても、寒暖の差はありますが、全域が植物の生育に適している。そのうえ、降水量も充分です。モンスーン気候のなかに位置し、年間降水量は、平均一七〇〇ミリメートル以上です。イギリスの降水量約八〇〇ミリメートルと比較してみてください。

このように、温度と降水量に恵まれているために、一説では、日本の植物の生産力は、イギリスなどヨーロッパの一五〜二〇倍近くもあるといわれています。日本では更地でも、すぐ植物が繁茂し林を形成しますが、ヨーロッパではそんなことはありません。

さらに、気候要因として、四季の変化が大きく、冬の太平洋側の乾燥と日本海側の多雪といった特徴もあり、植生をバラエティ豊かにする要因となっています。

そのほか、日本列島の植物相を豊かにした要因には、次のようなものも挙

表4　日本とイギリスの維管束植物の種数

	日本	イギリス
面　積	37万km²	24万km²
維管束植物	5565種	1623種

（日本生態学会編『生態学入門』14頁より）

げられています。

日本は、太平洋プレートが日本海溝に沈みこむことによって形成された造山地帯に位置して、地層がきわめて複雑であり、植物の生育する地質が多彩であること、「島国というより山島」というほうがふさわしく面積のわりには高い山が多く、高度的にも変化が多いこと、さらに国土が南北に長く、一万年前まで何度も繰り返されてきた氷河期の影響による絶滅を免れたこと（たとえば、氷河期に氷河が南に下がっても植物も南に逃避し、また氷河期が終われば、北に帰るといったことが可能であった。その点、イギリスを含めたヨーロッパは、アルプスに阻まれて南下できず、絶滅種が多かった）、などなどです。

日本の植生は、水条件は充分ですから、おもに温度条件によって左右されます。具体的には、南からアコウ・ガジュマルを優先種とした亜熱帯多雨林帯、西表島などの汽水域ではオヒルギ、メヒルギのマングローブ林、そこから北に順番にシイ・カシの暖温帯照葉樹林帯、コナラ・クリの暖温帯落葉樹林帯、ブナ・ミズナラの冷温帯落葉樹林帯、エゾマツ・トドマツの亜寒帯針葉樹林帯といった分布が見られます。そうした水平分布のうえに、シラビソ・コメツガなどの亜高山帯、ハイマツなどの高山帯の垂直分布を加え、変化に富んでいます。もちろん、そうした優先種のほかにもさまざまな中低木、草本、シダ類といった下層植物が見られます。そして、何々帯という大きな分布のなかにも、地質の違いなどによってもさらに細かい分布が見られます。こうしたことから日本では、五五〇〇種を超える維管束植物が生育しています。

日本は、陸地面積の六四パーセント（本書では、林野庁の計算による六七パーセントを採用していますが、国連ＦＡＯ「二〇〇一年世界森林白書」の算出基準では六四パーセント）が森林でおおわれている、先進国のなかでも稀な森林大国です。アメリカ二四・七パーセント、イギリス一一・六パーセント、フランス二七・九パーセント、ドイツ三〇・七パーセントなどと比較してみてください。

こうした植物の豊かさは、当然、動物の豊かさをもたらします。植物は、動物に食料と住み処を提供するからです。動物には、なかでもことに昆虫などには、たとえばエノキだけを幼虫が食草とする国蝶のオオムラサキのように、単一の植物を食料にする一対一対応のスペシャリストが多くいます。

それでは、そうした動物相の豊かさをイギリスと比較してみましょう（表５参照）。

南国やシベリアといった他地域から越境してくる「渡り」がある鳥類をのぞくと、その差は圧倒的です。特に両生類や、スペシャリストの多い昆虫の種の差が顕著です。

表5　日本とイギリスの動物相の豊かさの比較

	日本	イギリス
哺乳類	188種	50種
鳥　類	250	230
両生類	61	7
昆虫類	447	72

（日本生態学会編『生態学入門』14頁より）

生物が豊かなのは、陸上だけではない

つづいて海に目を向けてみましょう。私たちが自然から受ける影響は、森林だけではありません。また、自然生態系は、すべて持ちつ持たれつ、関係しあっています。森林が川や海を養い、逆にまた海や川の生産物が、陸上に還元されるといった循環もあります。

皆さんは、ふだんは気づいておられないかもしれませんが、日本は海洋大国です。地図を広げてみてください。海岸から二〇〇海里（約三七〇キロメートル）は、日本の排他的経済水域です。そう考えますと、日本の海洋面積は、約四五〇万平方キロメートル、国土面積三八万平方キロメートルの約一二倍の広大なものになります。国土面積はアメリカの四パーセントにしかすぎませんが、海洋面積だけでみますと約五九パーセントにもなり、世界第六位の広さです。

広いばかりではありません。海の生産力もまた、きわめて豊かなのです。しかし、海洋については、植動物プランクトンなどまだ充分に研究がなされていないうえ、なにせ生きものの多くは海流に乗って動いているため、陸上のような定量的な数字の話にはなりにくいので、定性的なものになります。

これも「生産者」から見ていきましょう。

植物プランクトンなど海の植物に、まず必要なのは温度条件と養分です。陸上のように水条件は重要ではありません。蛇足の蛇足ながら水のなかだからです。

ご承知のように、日本沿岸は、南からは熱帯源流の暖かい黒潮が、北からはオホーツク海からの冷たい親潮が流れてきて、太平洋、日本海でそれぞれ混じり合っています。このように水温条件も変化に富んでいます。

「海の生産者」に必要な養分は、どうでしょうか。その点でも、オホーツクからの親潮は、深層水の湧昇流を含んだミネラルの豊富な海流として知られています。また、日本は雨量が豊かで、多くの河川を通じて雨水が海に流れこんでいます。日本列島は、太平洋プレートがもぐりこむことによる造山帯に位置しているため地層も新しく、鉱物が溶けこんだミネラル類も豊かに海に流れこんでいます。「古い大陸」オーストラリアなどとは、この点でもちがうといわれています。このような事情から日本沿岸は、海洋の生産力が豊かで、そのおかげで日本は、魚ばかりではなく、海藻などの食文化が発達してきました。約一四〇〇種もの海藻が確認されている日本近海の豊かさは、世界でもあまり類がないといえるでしょう。

これもあまり知られていませんが、沖縄のサンゴ礁は、きわめて多様性に富んでおり、世界でも有数のものです。たとえば、慶良間島周辺には、世界のサンゴ六〇〇種のうちの約半数が生息していますが、それはやはり、黒潮の影響です。フィリピンの東方沖を出発点とする暖かい海流が沖縄を洗い、熱帯に生息するサンゴの幼生を多く運んできます。流れてくる途中の東南アジア沿岸は、世界でも特に海の生物の多様性が高いところだといわれています。

また、黒潮はきわめて澄んだ海水のため（名前のもとになった、海水が黒く見えるのは、そのため）、太陽光の透過も良好です。サンゴに共生する褐虫藻もさかんに有機物を生産します。サンゴ礁の生産力を支えているのもクロロフィルをもった褐虫藻という植物に近い生きものです。

海の第一次生産の豊かさは、当然、海の動物たちにも高い生産性をもたらします。植物プランクトンを食べる動物プランクトンと、植物プランクトンや海藻を食べる貝類、棘皮《きょくひ》類などの「第一次消費者」、さらにその第一次消費者を食べる魚類などの「第二次消費者」、……と、海の食物連鎖はつながっていきます。

日本は、これら豊かな魚介類、藻類などの沿岸漁業を含め、世界の漁獲量の四分の一を消費しています。もともと恵まれていた海産物を好んで食べてきた豊かな食文化の証左でしょうか。日本人は、海の生産力からもきわめて大きな恩恵を受けてきたのです。

やや森林から横道にそれた感がなきにしもあらずですが、いずれにせよ、日本は、こうした自然の恩恵を充分に受けてきました。縄文時代以来、孤立した列島に高い人口密度で人々が暮らしてこられたのも（江戸時代の首都「江戸」は、当時世界一の人口だったといわれている）、そのおかげなのです。

歴史を通じておしなべて高かった日本の国力のその一端は、こうした陸海を含めた豊穣の生産力にあるのでは、と私は考えています。日本は、自然生産物では資源大国なのです。

自然と融和的な日本の文化

こうした豊かな自然生産力は、日本人の生活を支えるだけでなく、多彩な自然を生み出してきました。加えて日本は、四季の変化が大きく、それも、また、彩り豊かな自然をつくり出す一因となっています。自然のバラエティの多さや、四季の変化の美しさは、しばらく海外にいて帰ってきたことがある人であれば、だれでも容易に実感できるでしょう。

この豊かな自然生産力、変化に富んだ美しい自然は、日本の文化に多くのものをもたらしました。まずは、融和的な自然観です。

日本人の自然観は、ありのままの自然に向き合い、それに少しばかりの手を加える庭園にもっともよくあらわれているといえるでしょう。ヨーロッパのいかにも人間が支配する様《さま》の幾何学的な庭園と、自然美をそのまま醇化《じゅんか》する様の日本庭園の違いにもっとも明確な形をとってあらわれています。

それは、宗教観にも端的にあらわれている。自然をはじめとする万物を創り出した超越的な神の存在を信じる西洋の一神教と、万物に神が宿るとみなす日本の汎神的な宗教心情。日本では奈良の三輪山のように山体そのものや、巨木、磐、洞窟などに祠が祀られ、神体化されます。鎮守の杜《もり》は、いまでも日本人の宗教心情の基本にあり、お初参りから人生の節目々々に氏神様を訪れ、またお正月には何千万人という人が、初詣でに出かけます。

西洋では自然は人間と対立する、つまり人間が支配し、利用するものですが、日本では人間に融和し、恵みをもたらすもの、拝跪《はいき》の対象なのです。

こうした自然観、宗教観といった文化の根底的なものばかりでなく、美的感受性といった、よりソフトな領域にも、自然は大きな影響を与えています。

それをもっとも雄弁に物語っているのは、日本の芸術だといえるでしょう。花鳥風月を題材とする美術、自然の微妙な彩や、「もののあわれ」を詠う俳句や和歌をはじめとする文芸はその証左にほかならないからです。『万葉集』には、現存植物でわかっているものだけでも一五〇種以上の植物が詠われ、『源氏物語』にも一〇〇種以上がとりこまれているそうですが、このように植生の豊かさは、古より日本文化を支えてきました。

こうした日本文化論は、すでに溢れるばかりにありますから、これ以上言及する気はありませんが、話題のベストセラー本『国家の品格』（藤原正彦著）も、そのつもりで読めば、全編これ、こうした森林や自然の「文化機能」に光をあてた書といっても過言ではありません。

それは、次の一節にも見られます。著者は、「国家の品格」の基礎、守るべき日本（人）のアイデンティティは、まさに豊穣さがもたらした自然観にあると主張しているのです。

「日本の生み出した価値のうち、最大のものは、……『もののあわれ』とか、自然への畏怖心、跪《ひざまづ》く心、懐かしさ、自然への繊細で審美的な感受性といった美しい情緒です。それに加えて武士道精神という日本独特の形です」（『国家の品格』一三五頁）

「武士道」とは、そうしたさまざまな情緒が昇華し、惻隠、正義、名誉、恥の心情といった精神の「形」となったものだと著者はいいます。

もちろん所論に賛否はあるにせよ、これは、そうした日本のアイデンティティ喪失への警鐘だといえるでしょう。ますますグローバル化、均一化していく世界は、日本にとっても例外ではなく、日本のアイデンティティは風前の灯火だといっても過言ではありません。

『国家の品格』が二〇〇万部を超えるベストセラーになるということは、やはり日本人の多くがアイデンティティ喪失を大きく問題視しているからではないでしょうか。「文化」とは、「そのなかにいる人にとっては、それと意識されないもの」ともいわれていますし、具体的な形がなく抽象的なので、ふだんはあまり意識されることがないとはいえ、人間社会の根底にあるものだけに、ことのほか重要だといわなければなりません。

自然のなかで子どもたちの「内なる自然」の回復を

文化的アイデンティティといった大きな問題もさることながら、もっと身近な、しかも喫緊の問題として、「はじめに」でも述べた「内なる自然」を失ってしまった今日の子どもたちにとって、その回復の場としての森林や自然の役割は、ますます重要なものになってきていると、私は考えています。

町田宗鳳さんのいう「ときどきは山に入って命の充電をしよう」も、大人にとっては、どちらかといえば心身のリフレッシュといった「憩いの森」の問題ですが、心身の発達途上の子どもたちにとっては、まさに「学習の森」―人格形成に欠かせない「教育、学習」の問題となります。いわんや、「内なる自然」を失ってしまった今日の子どもたちにおいてをや、です。

最近、小・中学生などの学力低下が顕著になったことで、多少ふらついているとはいえ、文部科学省は、平成一四年度から子どもたちの「生きる力」を養うための「総合学習」の時間を設けました。子どもたちの教育に責任をもつ(?)文部科学省自身が、今日の子どもたちが「生きる力」を失っていると断じているのです。

その「総合学習」の狙いとするところを次のように言っています。

(一) 自ら学び、自ら考える力の育成

(二) 学び方や調べ方を身に付けること

要は、それまでの詰めこみ教育への反省の側面もあるのではないでしょうか。

そのうえ、学外生活においても塾通いと、テレビ、パソコン・ゲームだけで個室に閉じこもり、自然のなかで仲間と遊ばない一人っ子状態の子どもたち。豊かさのなかで与えられるばかりで、自ら問題を見出し、解決していく問題発見・解決の力を失ってしまった子どもたち。パソコン・ゲームも「プログラムされた仮想空間」のなかでの遊びです。

そのような子どもたちの「生きる力」を回復する総合学習の一つとして、森林など自然体験などが奨励されています。しかし、これもお仕着せの「授業」で効果があるのかどうか疑問です。それよりも、子どもたちはもっと自ら自然のなかで遊ぶべきです。また親も遊ばせるべきです。

森をはじめとした自然のなかでの仲間たちとの遊びは、子どもたちの社会性の獲得にもおおいに役立ちます。

河合雅雄さんは、こんなふうに言っています。


「子どもは群れるものだ。そのなかで社会性を獲得し、アイデンティティーを確立していく。一昔前は、こんなことをあえていう必要はなかった。私の子どものころは、ごく自然に子どもは群れていた。しかし、核家族少産という事態になってから、その状況は一変した。子どもは群れることを剝奪されてしまった。つまり、不自然な環境のなかで、子どもは育てられ

ている」（『子どもと自然』八七頁）

最近の子どもたちがすぐに「キレ」て、それが人を危めてしまうところまで短絡してしまう、その原因の一つは、「いのちの感覚」の喪失にあるのではないでしょうか。それは、昆虫や魚などを捕まえたり、死なせたりといったいのちとの接触のなかで、あるいは自分の怪我や、仲間との喧嘩などの痛みのなかで獲得していくのであるにもかかわらず、それが欠落しているからではないのでしょうか。

私自身の来し方を振り返ってみても、子どものころの鎮守の杜での木登り、その樹上での「通信ごっこ」（電池とエナメル線を使っての樹上間でのモールス信号ごっこ）、小川での「はえなわ」（ミミズ、ドジョウなどを刺した釣針をたこ糸で小杭に結んだものを、ウナギ、ナマズなどのいそうなところに一晩漬けておき、翌朝早く回収に行く）、木の枝の切れ端を球代わりに使ってのベース野球などなど、さまざまな野山遊びが、もっとも懐かしく思い出されます。もちろん、それらの遊び道具類は、自分たちで工夫してつくりました。ときにはナイフで指も切りました。木から落ちたこともあります。

11 自然を知れば知るほど、自然は彩り豊かに見えてくる

前講の最後はやや深刻な話になりましたので、最後に少し「学習の森」の関連として、閑話休題的に興味深い話をしておきましょう。自然に関心をもち、知れば知るほど自然が彩り豊かに見えてくる、豊かな自然から受け取るものも多くなるというお話です。

虹は、何色《なんしょく》？

皆さん、虹は何色か、知っていますか。

そう、いうまでもなく、赤、橙、黄、緑、青、藍、紫の七色ですよね。

ところが、虹を七色で見ているのは日本人のほかにはそれほど多くありません。国際語といわれる英語を母国語とする人たちには、六色にしか見えません。藍と紫の区別がないのです。極端な例では、ローデシアの一地方言語・ショナ語を話す民族には三色、リベリアのバッサ語を話す人たちには、なんと虹が二色にしか見えないのです。

別に虹の物理的特性がところによって異なるわけはありませんし、目の網膜の識別能力がちがうわけでもありません。

それでは、なぜそのように虹の色の見え方がちがうのでしょうか。嘘のようですが、虹の色を表現する言葉がそれだけしかないからです。ですから、それだけしか見えないのです。上にあげた各言語が、どのように虹の色を区分けするか、その違いを表にしておきましょう（表6参照）。

これは深く追求すると、むずかしい記号学といった深遠な話になってくるのですが、簡単に言いますと次のようなことです。

虹の可視光線のスペクトルは、波長の長い赤から、短い紫まで連続的に変化しています。その連続的なスペクトルをどう区切る（分節する）かは、言葉によるしかないのです。今度虹が出たら試してみてください。七色に見れば七色に見えますし、二色のつもりで見れば二色に見えるような気がしてきます。要は、言葉（名前）があるから、連続的なスペクトルも、あたかも区切られているように見えるのです。

それに似たおもしろい話ですが、フランス人には犬と狸は区別できないといいます。言葉がひとつ「chien」しかないからです。

これは言い換えれば、言葉がなければ、色も物も、見れども見えず、ないに等しいということになります。

表6　言語による虹の色数の違い

日本語	赤	橙	黄	緑	青	藍	紫	7色
英語	red	orange	yellow	green	blue	purple		6色
ショナ語	cips^{w}uka	cicena	citema	cips^{w}uka				3色
バッサ語	zīza			hui				2色

ショナ語：ローデシアの一言語　バッサ語：リベリアの一言語

名前を知らないと、「みんな、木」「みんな、虫」。

なんのために、こんな哲学問答を持ち出したのかといいますと、それは、私たちが、自然に対するときのその見え方にもかかわってくるからです。

たとえば、森に入ります。そこにはさまざまな木々があります。日本の森は、熱帯多雨林にはかないませんが植物の種類が豊かです。けれども、木々の名前を細かく知っている人と知らない人では、まったく森の見え方がちがってくる。

名前を知っている人には、木々のそれぞれの違い、表情の違いが見えます。日本人が虹を七色にこまかく見るのと同じ話です。しかし名前を知らない人には、木々の違い、表情の違いは見れども見えず、一面の緑、「みんな、木」としか見えない。バッサ語を話す人たちに、虹が二色にしか見えないのと同じことです。

それでもバッサ語でも、二色に見分ける言葉がありますから、まだ二色に見えますが、木の名前を一つも知らなければ、森は単なる木の固まり、緑の固まりにしか見えない。「木を見て森を見ず」の反対、「森を見て木を見ず」なのです。

そんなものかなあ、と思われるかもしれませんが、これは、森林インストラクターになった私の経験からも確かです。たとえば、子どものときに遊んだ田舎の野山に帰ると、驚きの連続です。多くの木々や草々の名前を知り得たいまでは、

「あっ、ずっと探していたこの木も、この草も、こんな身近なところにあったんだ!!」

の連続です。

子どものときは関心もなく名前も知らなかったから、いくら目に入っても違いは見えず、ただ「緑の木や草」にしか見えていなかったのです。

自然に親しみ、関心をもてば、おのずと名前を覚える。それはいうまでもないでしょう。しかし、それだけではありません。逆に、名前を知れば、自然は、より彩り豊かにより鮮やかに見えてきます。そして、それが、また自然への親しみ、関心をさらに高めてくれるのです。植物だけではありません。虫などの動物でも同じことです。だんだん自然と疎遠になって行く日本人、いまに「みんな緑、みんな木、みんな虫」になってしまうのではないでしょうか。

少しでも自然に親しみ、できれば名前も覚えてください。それだけ自然が表情豊かになり、その驚くべき多様性が見えてくるはずです。

元来、日本人は、豊かな自然に恵まれていたおかげで自然のこまかい違い、たとえば色の微妙なニュアンスの違いを見分けてきました。虹を七色に見るのものその一例でしょう。

日本語ほどこまやかに色の違いを表現する言葉をもっている言語はないといいます。たとえば、山葵色、老竹色、若竹色、鶯色、柳色、裏葉色、若葉色、若草色、萌葱色、浅葱色、「緑」でも、抹茶色、常盤緑、……。日本が豊かな、変化に富んだ自然に恵まれていたからこそ、人びとが、おのずと自然の微妙な色合いを楽しむ文化を育んできた所産なのです。

豊かな自然とそれを表現する言語や文化をもっているのですから、私たちもその恩恵を享受しつづけたいものです。

野生の森

つづいて、四番目の「野生の森」に、なかでも近年大きな問題になっている「生物多様性」の話題に入っていきましょう。

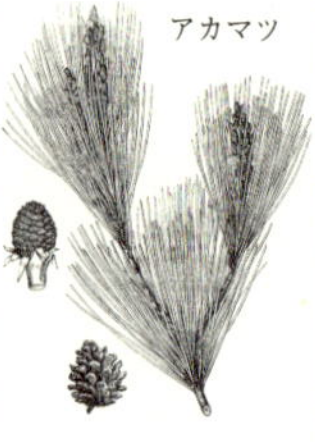

12 「生物多様性」とは？

地球上に何種類の生物がいるか、それは誰にもわからない

いま、私たちのまわりには、さまざまな生き物がいます。動物、植物、目には見えませんが、菌類などの微生物。生命が生れて四〇億年といいますが、この気の遠くなるような時間をかけて、生物はどのように進化し、はたして、いま何種類の生物に分化しているのでしょうか。

驚くなかれ、これだけ生物学が進んでも、地球上に何種類の生物がいるか、どんな偉い生物学者も知らないのです。専門書によっても数百万種から何千万種といったように、その推定数もバラバラです。

分類学者によって名前がつけられているのは、約一五〇万種前後といわれていますが、これもまだ各分野のデータベースが整っていなくて、一三〇万から一七〇万くらいまでいろいろな数字があります。毎年、新種が登録されたり絶滅する種があったりと、数字が確定しないということもあるのでしょう。

その数百万種から何千万種という推定種数は、どこから来ているか。ある研究者が、熱帯雨林の林冠を薫蒸して、そこから落ちてきた昆虫の種類を数えたところ、名前のわかっていた昆虫は一割にも満たなかった。このことから、すくなくとも昆虫などでは、実際の種数は名前のわかっている種の一〇倍近くはいるのではないかと推定されたのです。

遠い宇宙にはまだ解明されていないことが多いのは理解できますが、われわれのもっとも身近かな生物の世界にも大きな「未知」の領域があります。

各分野別で名前のついている種は、大きいところでは植物二五万種、脊椎動物二八万種、昆虫七五万種です。地球上の生物で、なんと昆虫だけで全生物種の半分以上を占めているのです。

「種」とは、どのように生れる？

ところで「種」とはなんでしょうか。

生物学では、「種」を、「相互に交配しあい、かつほかの集合体から生殖的に隔離されている自然集団の集合体」と定義づけています。要は、互いに交配し、子孫をつくる能力のある集団だということです。

もちろん、ヒトも、その種の一つです（ちなみに、科学の世界では、生物の種としての人は「ヒト」、文化や社会性をもったトータルな存在としては、「人類」というようです）。しかし、「人種」はそれぞれが一つの種ではありません。先の種の定義によれば、お互いの間に子孫をつくれるのは一つの種だからです。どんな人種間でも子どもは生れ、子孫はつづいていきます。しかし、ウマとロバの間にラバが生れますが、その雑種ラバは、一代かぎりでその後に子孫を残すことはできません。ですから、ラバは種ではなく「雑種」であり、それぞれ単独で子孫をつないでいけるウマやロバは、独立した種なのです。

厳密にいえば、むずかしい概念ですが、まあふつうには、植物でも、動物でも、菌類でも名前がついているのは、雑種をのぞいて、ほぼ一つの種と考えていいでしょう。

コウノトリやニホンカワウソの絶滅のように種の絶滅を見聞きすることはあっても、新しい栽培種や遺伝子組替え生物のように人工的につくるのではないかぎり、自然のなかで新しい種が生れるなどということを目撃することはほとんどありません。それにもかかわらず、何百万から何千万種というとてつもない多くの種が地球上には存在しています。

種は、突然変異と、適者生存の自然淘汰で一つ一つ独立進化していくのですが、その一つの進化にも途方もない時間を要するはずなのに、それが何百万から何千万種といるのです。それらの進化・分化をもたらした四〇億年の時間にやはり驚きます。

ところで余談ですが、つい一五〇年前までは、このような多様な種は、「神」が創ったと本気で考えられていました。それは「創造説」というのですが、ダーウィンの『種の起源』（一八五七年）以後、突然変異と自然淘汰による「進化」の結果だということは、ほとんどの人に受け入れられているように見えます。

ところが、まだアメリカの中南部の州では、この創造説が進化論（説）とならんで正式に学校でも教えられるべきだという議論がつづいています。

なぜ「生物多様性」は維持されなければならないか

いま世界的にも「生物多様性（バイオダイバーシティ）」がキーワードとして大きな話題になっています。皆さんもどこかで見られたか、聞かれたことがあるかもしれません。

なぜでしょうか。いうまでもなく人類活動のはてしない拡大の結果、そのあおりを喰らった多くの野生生物が減少することによって、生物多様性が危機に瀕しているからです。地球上でもっとも生物相が豊かなのは森林生態系だといわれていますが、その森林をはじめとする自然生態系の減少や劣化のせいで、植物だけでなく、昆虫、鳥類などの動物も多くが絶滅の危機に瀕しています。

たとえば、森林のなかでもとりわけ多様な生物が棲んでいるといわれる熱帯雨林の破壊などによって、一日約二〇〇種、年間七万種以上が絶滅しており、その規模は、六五〇〇万年前の、恐竜をはじめとした多くの生物が絶滅した白亜紀の大量絶滅以来最大級のものであり、その速度となると、そうした過去の大絶滅にくらべても一万倍から一〇万倍と推定されています。恐竜絶滅は、一説のようにメキシコ・ユカタン半島への大隕石落下というアクシデントが引き金だったとすれば、それはまだ自然摂理の現象だったのですが、今日の絶滅は、そのほとんどがあまりに拡大しすぎた人間活動によって引き起こされていることはいうまでもありません。

熱帯雨林では、まだ名前もつけられていない昆虫などが、名前も知られないまま、絶滅していっているのです。

一九九二年のリオ・デジャネイロで開かれた国連地球サミットでも「生物多様性条約」が締結され、その後一九〇に近い国が批准しています。日本も批准し、一九九五年には「生物多様性国家戦略」、二〇〇二年には「新・生物多様性国家戦略」が策定されました。

ところで、なぜ生物多様性は、国連地球サミットでとり上げられ、日本でも国家戦略などというたいそうな名前をつけて取り組まれるほど、大きなテーマなのでしょうか。

それは、もちろん、生物多様性の高い健全な生態系が、人類の生存のうえでも欠かせないことが次第にわかってきて、危機意識が高まってきたからなのですが、専門家の間では次の三つの理由がほぼ一致した見解として提出されています。

一つ目のもっともわかりやすいのは、「人間に直接役立つ」という理由です。生物多様性の高い健全な生態系ほど、人間社会にとって必須の食料や生活物資などの生産物や、水土保全などのサービスを豊かにもたらしてくれるからです。

それこそ根本的な理由ですが、今日、特に生物多様性が注目されているのは、製薬資源などとしての潜在的可能性にもあります。後にもお話ししますが、いまでも多くの新薬が生物から発見、あるいは生物化合物をヒントに合成されています。薬学者や製薬会社が、まだ製薬資源フロンティアとして残されている熱帯雨林の植物、動物にかぎらず、菌類などを含めあらゆる生物資源としての可能性捜しに躍起です。薬だけでなく、遺伝子組替えなどのバイオテクノロジーのための遺伝子資源としてももちろん重要です。

そのほか、もっと身近なところでは、園芸植物やペットなどにも珍しい植動物が求められています。このような人間の生活資源として有用な希少生物の保全が、できるかぎり図られなければならないというのが一つ目のもっともわかりやすい理由です。

二つ目は、「人間にとっての直接効用はないかもしれないが、生態系としてみんな役割を果たしているはずだ」という理解です。つまり、直接的な効用はなくてもどんな生物も間接的にはなんらかの役割を果たしているはずだ、というものです。生産者—消費者—分解者の食物連鎖のところでも見たように、生態系は、あらゆる生物が「持ちつ持たれつ」の関係で構成され、一つの歯車が壊れると、その連鎖による影響ははかり知れないのではないか、そのネットワークの全貌はまだ解明されているわけではない、ならば、できるだけ全体を全体のまま残す必要があるのではないか、という考え方です。

以上二つは、大きくいえば人間側の勝手な視点からの見方ですが、最後の三つ目は、「人間にとって効用のないものは滅ぼしてもいいのか」という根本的な問いかけです。生物多様性は、四〇億年というかけがえのない地球生命の進化の歴史的産物であり、それを尊重することは、人間にとっての要不要を超えた、まさに倫理的ともいっていい意味をもっているという理解です。日本学術会議は、それを、「生物多様性を無視することは、生物あるいは地球環境の進化の方向を無視することであり、人類の存在ばかりでなく生物の存在の否定にもつながる倫理的な意味ももっている」と表現しています。

専門家の間では、蚊やコレラ菌、ペスト菌など人類の敵でさえも、個体は殺してもいいが、種は滅ぼしてはならない、という考え方が定説とされています。種の絶滅の放置は、生物の進化という歴史の否定を意味することになるばかりでなく、絶滅した種は、二度ととり戻せません。

また、生物多様性を守ることと、あらゆる地球生態系の健全さを守ることはコインの表裏でもあります。生物多様性が高いことは、それだけ生態系の歯車がしっかりとしていて健全だということだからです。逆に生態系が健全であれば、生物多様性も守られる可能性が高いのです。

生物多様性を守るとは？

こうした大切な生物多様性や生態系の健全性が、いまあまりにも拡大した人間活動により、大きな危機に瀕しています。

それでは、それらを守るにはなにをどう守ればいいのでしょうか。レッドデータブックなどでは絶滅「種」や絶滅危惧「種」がとり上げられていますが、「種」の絶滅だけを防げばいいのでしょうか。たとえば、種を保存するためには、動物園や植物園に隔離すればいいのでしょうか。

ふつう私たちは、生物多様性とは「種の多様性」と考えがちですが、しかし、今日では、それにとどまるものではありません。そのほかに、「遺伝子の多様性」、「生態系の多様性」、さらに最近ではもう一つ加わって「景観（ランドスケープ）の多様性」までを含んだ概念だと考えられています。もちろん鍵となるのは種の多様性ですが、そこまで視野を広げないと、結局は種の多様性も守れないからなのです。

四つの多様性の重要視は次のような考え方にもとづいています。

まず、種の多様性が重視されなければならないのは、これまで見てきたところからもわかりやすいでしょう。種の数が多くて多様性が高くなればなるほど、その生態系の食物連鎖（網）や共生関係などのネットワークは豊かで柔軟性に富んだものになり、環境変動や人為攪乱に対する抵抗力が高まるからです。

しかし、種は残したとしても、その集団内の「遺伝子の多様性」が失われて単純化してしまうと、環境変動や病原菌などへの抵抗力も低下し、その結果として、種は絶滅しやすくなります。種の集団内にさまざまな遺伝子型の個体が存在しなければ環境変動や新しい病原菌に対して多様な対応を示すことができないため、集団の生存確率は低くなるからです。

また遺伝子が単純化すれば、その後の新しい種の分化の可能性も失われてしまいます。親集団内の個体の遺伝子が多様なほど、新しい環境に適応できる種の分化の起こる可能性は高くなります。何百万種から何千万種といわれる地球上の種の多様性は、多様な遺伝子組合せがあったからこそ生じました。逆に遺伝子の多様性を失うことは、いきおい「進化」という生物本来の可能性をさえ奪ってしまうことになるのです。

これが種よりももっとミクロなレベルである種の集団内での「遺伝子の多様性」が守られなければならない理由です。極論すれば、よしんば動物園や植物園に種を隔離し、交配させて存続させることが可能であっても、その子孫は「近交弱勢（劣性遺伝）」で種の健全性は損なわれてしまいます。

一方、種よりも大きな階層レベルでの「生態系の多様性」や「景観の多様性」も、種の多様性を維持するためには欠かせません。

森林、湿原、草原、海洋といった多様な生態系は、それぞれ独自の生物多様性をもっています。生物多様性を維持するためには、こうした「生態系の多様性」が必要なことは、これまたいうまでもないでしょう。バラエティに富んだ生態系が健全に保たれることが大切です。

また、そのさまざまな生態系の「配置」の多様性──「景観の多様性」も不可欠です。たとえば、トンボなどの昆虫や、カエルなどの両生類の多くは、産卵、ふ化、幼生時には、水辺を必要とし、成長すれば採餌行動などに林や草原を必要とします。また、鳥類のなかには、営巣には森を、採餌には草原や水辺を必要とするものがいます。このように生き物のなかには、複数の生態系を生活のために要求するものが少なくないのですが、それは、たんに数の問題にとどまらず、行き来のできる、モザイク的にしかるべく配置されていなければならないのです。

いま世界中でカエルなど両生類の絶滅が進んでいるのは、生態系が単純化、分断され、水辺と陸での、文字どおりの「両生」ができなくなってきているからだといわれています。また、日本でコウノトリやトキが絶滅したのも、景観の多様性が失われたこともその一因であるに違いありません。複合的な生態系がモザイク状に組み合わされた「景観の多様性」が保たれていなければ、生物多様性の維持も期待できないのです。

生物多様性が高いほど、人間も豊かに、安心して暮らせる

生物多様性が高く、生態系が健全であれば、生態系から受ける恩恵も豊か、それはいうまでもないことですが、あらためてくわしく見てみましょう。ほんとうにそのありがたさを実感しないと、やはり、それを守る意識や行動も掛け声ばかりのタテマエになりがちです。

すでに、森林生態系については、その幅広い恩恵（価値）を見てきました。生態系は、しかしそれだけではありません。地球上にはそのほかに、サンゴ礁などの海洋や、干潟、湿地、草地、などなど数多くの生態系があり、それぞれが、恩恵をもたらしていることはいうまでもありません。その恩恵は大きく分けると、食料、燃料、建築資材などさまざまな生活資源をもたらしてくれる物質生産機能、水土保全や、気象緩和のような環境形成作用、また、人びとに安らぎや感動を与えてくれる精神・文化作用といったものが挙げられるのは森林のところでも見たとおりです。ほかの生態系も大なり小なり似た働きをしています。

これらの生態系が人間に対し直接的あるいは間接的にもたらしてくれる恩恵を生態系サービスといいますが、なんとすべての生態系がもたらすサービスを金額換算した人たちがいます（表7参照）。

日本の森林の「公益的機能」を林野庁が金額換算した事例は先に見ましたが、こちらは地球上のあらゆる生態系の物質生産などの経済的機能を含めたすべての恩恵です。

その金額は、年間三三兆ドルあまり、円に換算すると約四〇〇〇兆円、世界中の国々の国民総生産のなんと二倍に達している。これも、ほんとうに金額換算できるのか、その計算が妥当なのかについては疑問が残りますが、われわれ人類が、いかに生態系サービスのおかげで生かされているか、その目安くらいにはなるでしょう。

生物多様性が高ければ生態系は健全さを増し、生態系が健全であれば、生物多様性も保たれ、両者は、持ちつ持たれつ

表7　生態系サービスの種類とその評価額

サービスの種類	評価額（10億ドル／年）
大気の調整	1,341
気候の調整	684
自然災害の調整	1,779
水の調整	1,115
水の供給	1,692
土壌浸食の制御	576
土壌の形成	53
栄養塩の循環	17,075
廃棄物の処理	2,277
受粉	117
生物数の制御	417
生物の避難場所	124
食料の生産	1,386
天然素材	721
遺伝子資源	79
レクリエーション	815
文化	3,015
合計	33,266

（R. Costanza, 1997 Nature vol.387より改変）

の相互依存、あるいは一つのコインの表裏の関係にあります。

なにか循環論のような話になりましたが、それは、生態系が、生産者―消費者―分解者―生産者……と、もともとアタマもシッポもなくエネルギーと物質がうまく無限循環しているプロセスだからでしょうか。

話の下手さ加減を生態系のせいにしてしまいましたが、それはともあれ、生物多様性が高く、生態系が健全であれば、その恵みははかりしれなく大きく、つまるところ人間も安心して豊かに暮らせることはまちがいないところなのです。

生物多様性の危機、生態系の危機は、さしずめ人間の危機でもあるのです。

13 放っておけば、自然は守られる？

日本の豊かな自然をどう守る？

昭和三〇年代半ばからのとどまることをしらない経済拡大による自然破壊のせいで、かなり怪しくなってきたとはいえ、日本は、本来、自然が豊か、すなわち生物多様性も高いのです。この、急速に絶滅危惧種も多くなっている日本の自然を保全、ないしは回復するにはどうすればいいのでしょうか。身近な問題として考えてみましょう。

そのためには、自然に手を加えず、放っておくのが上策という考え方もあります。これは、まったくのまちがいというわけではありませんが、いろいろ問題があります。

一時期、森林で「木を伐る」ことが自然保護の目の敵にされたことがありました。七〇年代に入って環境が問題視されはじめた時代です。自然環境を守るためには、自然に手を加えてはならない、木を伐ること即、自然破壊という短絡的な理解です。いまも都市生活者の間では、まだそうした考え方が色濃く残っています。

放っておけば、自然は守られ、生物多様性や生態系の健全性も保全されるのでしょうか。

もちろん、自然や生態系にまったく圧力を加えず、そのままにできれば、自然保全としてそれに越したことはないかもしれません。しかし、それは私たちの生存を否定することになります。人間が生活していくうえでは、居住や生産に利用するために森や湿地を壊したり、その生産物を生活資材に横取りしたりと、自然や生態系に圧力を加えることは避けられません。この日本列島から人間が消えたほうが、ほかの生物たちにとってはうれしいかもしれませんが、私たちヒトも生物の一員として生きていかなければなりません。私たちが日本列島で生きていく以上、自然や生態系に対しては、利用しながら保全していくというむずかしい対応が不可避なのです。

狭い日本の国土、むしろこれから人口減少がつづくといわれるなかで、これ以上もう森林や湿地を潰したり、海を埋め立てたりして自然破壊をつづけることなく、すでに利用している土地を集約利用する、あるいは、不要となった利用地を自然に返すといったこともできれば行っていきたいものです。また、ゴミを溢れさせたり、化学物質で汚染したりしないようにしなければなりません。

人間も生きていくうえで利用しなければならないという前提で、元来豊かだった日本の自然を守るポイントはどこにあるでしょうか。先述のように、これまでの日本では都市生活者を中心に、自然や生態系の保護といえば「まったく手をつけることなく、放置すること」との認識が一般的でした。しかしそれは、次のような背景から、とりわけ日本の自然についてはあてはまらないようです。

人手の入った日本の自然

その理由の一つは、日本の自然は、すでに人の手が入った自然が多いという点にあります。そのことによって逆に生物多様性が高まってきたという事情もあるのです。「人手の入った豊かな自然生態系」とは自己矛盾のようですが、そんな自然もあるのです。

縄文の時代から、この列島には人びとがけっこう高密度で生活してきました。ことに弥生のころからは水田を拓き、周囲の森林からさまざまな資材を調達しながら定着生活をしてきました。そこには持続的に自然を利用しながら決定的には壊さないという見事な自然との共生関係が築かれました。次の「生産の森」で詳述するように、近年「持続可能な開発」という言葉がキーワードになってきていますが、日本の農業の自然利用はその最適モデルともいうべきものでした。

それがいわゆる里山環境です。何千年にもわたるそうした人為を通じた環境維持は、もう一つの生態系を形づくってきました。

そこには、森林、あぜ地、ため池、水路、水田といった複合生態系がまさにモザイク状にセットされた「景観の多様性」が形成され、特有の豊かな生物種が棲んでいます。たとえば、もっともわかりやすい例としては、先の「日本の自然の豊さ」のところでも触れたように、両生類については、イギリス七種に対して日本六一種というように圧倒的です。そのほか、トンボ、タガメなどの昆虫、メダカ、タニシ、シジミなどの魚貝類、トンビ、タカなどの猛禽類なども豊かです。

トンボ類も約二〇〇種と、イギリスの三〇種あまりにくらべるとケタちがいです。

　また植物についても、「手を入れつづける」ことによって維持されてきた種も多くあります。一〇〜二〇年間隔で定期的に上木が伐採される薪炭林環境に適応した、「春の妖精（スプリング・エフェメラル）」と呼ばれるカタクリ、フクジュソウ、ニリンソウなどがそれにあたりますが、彼女たちには、下草が刈られ、落ち葉が掻かれ、上層の落葉樹の葉が茂る前の春先に地表面によく陽光が射しこむ雑木林が必要なのです。あぜ地などが草刈りされることに適応したキキョウやフジバカマなどもそうした部類ですが、その多くも、いまではほとんど人手が加えられなくなった結果、環境変化のために絶滅危惧種となっています。

写真３　日本の古里・遠野

　ついでながら、日本の生物種が多かったのは、食糧生産の中心が「山と里と水辺」のすべてをセットで必要とする稲作だったおかげが大きいともいいます。小麦と牧畜中心のイギリスなどとの種の多様性の違いが大きいのも、そうしたモザイク状生態系の里山環境を必要とする稲作農業の副産物ともいえるのです。かつての田んぼを含む環境は、主食の米だけでなく、副食の魚や貝をも恵んでくれるウェットランドでした。私の子ども時代でも、田んぼの近くの小川や池には、フナ、コイ、ナマズ、ウナギ、シジミなどが多くいて、よく漁《すなど》り遊びをしたものです。

もうおわかりでしょうが、そうした「手の入った自然生態系」を維持するためには「手を入れつづける」ことが必要なのです。先の「新・生物多様性国家戦略」でも、日本の生物多様性の減少、すなわち種絶滅の危機の三つのうちひとつは、人の手の入った自然に手が入らなくなったことに起因すると指摘しています。

三つを列挙してみますと、

①人間活動ないし開発が直接的にもたらす種の減少、絶滅。

②自然に対する人為の働きかけが縮小撤退することによる里地里山などにおける環境の質の変化、種の減少。

③近年問題が顕在化するようになった移入種や化学物質などによる生態系の攪乱。

一つ目、三つ目は、広い意味での人為の活動拡大による自然破壊で、狭い日本国土で、むやみな開発や汚染をこれ以上避けなければならないことは先にも指摘したとおりです。二つ目が、問題の「手が入った自然に手が入らなくなることによる自然破壊」、逆にいえば「ヒトの干渉を受けることで持続する自然」といえるものです。

自然保護にもいろいろな方法がある

このように考えると、「自然保護」とは単に「手をつけず、放置すること」だけではないことが見えてきます。結論からいいますと、一般に自然保護には、「保存」、「保全」、「防護」、「回復・修復」「維持」といったさまざまな方法がケースバイケースでとられるべきだと考えられています。

一つ目の「まったく手をつけない＝保存」も、もちろん大切な自然保護です。少なくなってきたとはいえ、まだ原生に近い状態で残っている自然、たとえばユネスコ自然遺産に登録されている白神山地、屋久島、知床のような自然は、できるだけ手をつけず、自然にまかせるべきなのはもとよりです。それほど大規模ではないにしても各地にはまだ手つかずに近い自然が残っています。それらもできるだけ「保存」する必要があります。

つまるところ、この一つ目は、自然生態系の遺伝的多様性の維持や研究などのために、自然に人為を加えずその推移にまかせて「保存」するものといえます。

二つ目の「保全」が、「手を加える自然保護」です。自然を積極的に人間生活に活用しつつ、良好な自然として将来まで保全するものです。典型的には里山や棚田などの人工的自然の維持、手入れがこれに相当します。

これに類するものに、病害虫、火災、崩壊、気象害などの外の圧力から「防護」して、自然の悪化荒廃を防ぐものがあります。またそうした外からの圧力により一度荒廃した自然を人為により「回復・修復」また「改善」するという手法もあります。治山、砂防といった公共事業の多くがそれにあたるといえるでしょう。なかには政治家や業者のための公共事業といった「自然破壊」もありますが、本来の正当なそれは、なんらかの「手を加える」自然保護です。最初の「保存」では、こうした防護や回復・修復という人為さえもできるだけ排して自然の推移、遷移にまかせます。

そして最後に、これはあまり生物多様性には関係ないかもしれませんが、景観など自然の現状を「維持」するために必要な手入れを行うものもあります。有名な例は、京都の嵐山です。風致地区指定であまりに「保存」されたために、植生遷移が進み、かつての嵐山の嵐山たるゆえんのアカマツ、ヤマザクラ、モミジなどの景観から、嵐山らしからぬシイやカシなどの常緑樹の景観に変わりつつあり、いまではそうした遷移をとどめる「維持」に苦労しています。

このように、ひと言で自然保護といっても、その目的によってさまざまな自然保護があるのです。自然保護は「木を伐るな」だけではないことを、よくよく認識しておかなければなりません。このなかで「保存」については、環境庁管轄の国立・国定公園（自然公園法）などの「特別保護地域」指定、自然環境保全法による「原生自然環境保全地域」指定や、国有林（林野庁）の「保護林制度」によって、それなりに取り組まれています。

それよりも問題の大きいのは、林業、中山間地農業の行きづまりがもたらす農山村崩壊、より直接的には農林業の担い手不足に起因する「手が入った自然に手が入らなくなることによる自然破壊」なのです。先述のように日本の絶滅危惧種は、この分野のものが特に多くなっています。

ここでは、さしあたりそうした指摘にとどめ、くわしいその事情は、「生産の森」のところで農林業の再生に絡めて見ていくことにします。

いずれにしても、私たち自身、あるいは子や孫の将来世代が豊かに暮らしていくためにも、生物多様性を守り、生態系を健全に保つことは、もはや待ったなしです。

14 生物多様性と遺伝子資源

薬の七〇パーセント以上は植物から得たもの

ちょっと気の重い話が多くなってきたので、ここでは、ありがたい、少しは嬉しいコラム的な話をしてみましょう。

中国では、またその影響を受けてきた日本でも、昔から薬学を本草学と呼んできたように、薬と植物は切っても切れない縁があります。今日でも生薬には多くの薬草が使われているばかりか、西洋医学の近代医薬にも植物から抽出されたものが数多くあります。

現在、西洋医学で用いられている薬の実に七〇パーセント以上が、植物から直接取り出されたり、化学物質構造にヒントを得て合成されたものだと考えられています。それでもまだ、薬を見つけるための系統的な調査がなされているのは、世界の植物のわずか数パーセントに過ぎず、重要な発見の可能性は、まだ無限にあるといいます。

よくよく考えてみれば、これは驚くべきことではないでしょうか。別に植物にすれば人間の役に立とうなどと考えもしなかったのに、なぜ植物は人間の病を治すことのできる多彩な化学物質を開発したのでしょうか。

それは、「フィトンチッド」のところでも見たように「植物は動かない」というところから来ているのだと思います。動かない植物だからこそ、身を守ったり、ほかを攻撃したりするために驚くべき化学兵器をつくったのです。アルカロイド類、フェノール類、シアン配糖体といった二次代謝成分は、本来植物の生長にはなんの必要もないもので、防衛のためにわざわざ合成したものです。これらの毒は動物の神経系などを麻痺させたりするのですが、それがたまたまヒトの病気にも効くのです。まだまだ知られざる化学物質が、どれだけ潜んでいるかわからないというのだから、植物の能力はまさに驚きです。

漢方薬では、一般に薬草をそのまま煎じたり、粉末にしたりして利用します。したがって、純粋に一つの成分をとり出して、特定の病気をピンポイントに狙うというよりもさまざまな薬効で「総合的」に対処します。しかし、近代医薬は、そのうちの一つの化学物質を純粋にとり出して、その薬効の因果関係を科学的につき止めて精製します。

現在でも鎮痛剤として幅広く用いられているモルヒネは、植物から抽出された初めての近代医薬でした。ケシ（アヘン）から抽出されたのはご承知のとおりでしょうが、一八〇三年、ドイツ人のゼルチュルナーによって発見されました。

その後、続々と発見、抽出が相次ぎましたが、大きなところでは一八二〇年マラリアの特効薬キニーネが、キナという木から、下っては一九二八年のペニシリンをはじめとする抗生物質が、厳密には植物ではありませんがカビ類から次々と発見されました。

今日でも、その一連の動きが抗がん剤、抗エイズ薬の発見へとつづいています。キノコからは抗がん剤が、さらに最近では一九九二年アメリカイチイという木の樹皮から子宮癌や乳癌に効く画期的な癌治療薬「タクソール」が抽出されました。

厳密にいえば、カビやキノコは、今日では「植物」には分類されていませんが、いずれにしても「野生の森」のなかからとり出されたということには変わりはありません。

今日でも、こうした多様な生物に由来する医薬品やバイオテクノロジーのための遺伝子資源がさかんに研究されています。むしろ加速されているといってもいいくらいです。

熱帯林——自然こそコスタリカの国家戦略資源

生物多様性のもっとも高い熱帯林の「保全と利用」については、先進事例といわれているコスタリカの取り組みを紹介して「野生の森」を終わりましょう。

コスタリカは、カリブ海と太平洋に挟まれた、四国と九州を合わせたくらいの中央アメリカの小国ですが、ほかの熱帯林をもつ国（コスタリカには、雨林、乾燥林、雲霧林などのさまざまな熱帯林のバラエティがあるため総称して「熱帯林」という）と同じく一九八〇年代までは、プランテーションやそのほかの開発のために森林をさかんに破壊してきました。しかし九〇年代に入り、熱帯林やその生物多様性こそ自国の戦略的資源であるとの再認識のもと、保全を重視した政策に転換をはかりました。地球の〇・〇三パーセントという狭い国土ながら、地球上の生物の五パーセント以上を占めるという、きわめて生物多様性の高い自然の貴重さに気づいたからです。

その施策の一つは、国家事業としてのエコツアー（ツーリズム）の推進でした。エコツアーとはいうまでもなく、すぐれた自然を資源に、自然や生態系に負荷をかけることのない観光事業で旅行客を呼び込み、経済的自立をはかるとともに、その収益を通じて地域の自然や文化の維持に再投資しようとするものです。エコツアーを売り物にしようとすれば、自然を壊してしまっては元も子もありません。国土の二五パーセントが保護区に指定され、自然が積極的に保全されています。コスタリカ政府観光局のホームページは、「軍隊を捨てた　自然保護の先進国　年金生活者の楽園」と謳っています。

今日では、バナナやコーヒーなどの物産の貿易額を抜いて、外貨収入の第一位がエコツアー収入だということです。

もう一つの国家戦略が、「コスタリカ国立生物多様性研究所」による生物資源の探査です。植物、昆虫、菌類をはじめ、すべての生物を網羅的に収集、分類し、その生物資源としての可能性を探査しているのです。現在、欧米の製薬会社などの数社と契約を結び、化学物質とＤＮＡの探査、スクリーニングを行っています。すでにヘルペスに有効な物質などいくつかの成分がスクリーニングされているということです。

ほかの熱帯林国も、それぞれの資源を生かしながら、個性的な独自の戦略で熱帯林の「保全と活用」を行ってほしいものです。そうした持続的な活用を通じた経済的自立がなければ、結局は、熱帯林も、ひいては生物多様性も守れないのです。いくら熱帯林の保全を声高に叫ぼうとも、そこに住む人びとの雇用の拡大など経済的自立が確立されなければ、生きていくために森林からの生活物資の無法な略奪に頼らざるを得ず、行きつくところ森林は破壊されてしまうのです。

熱帯林破壊の背後には、貧困という南北問題があるといわれるゆえんです。経済的に豊かな北の国も、それを支援していく必要があります。

ちなみに、その「北」を代表しているアメリカは、地球温暖化防止条約の京都議定書のみならず、この生物多様性条約も批准していません。その理由は、遺伝子資源の薬学的・医学的な利用を可能とする知的所有権が「原産国」のものとなることを嫌ってのことです。生物多様性条約の一つの狙いは、その生物資源原産国が知的所有権を確保することを保証するところにあります。

これも、大国の驚くべき身勝手といわなければなりません。

生産の森

スギ

さてこれまで「環境の森」、「憩いの森」、「学習の森」、「野生の森」と、四つの森のゾーンを経めぐってきましたが、最後に、「生産の森」に踏み入ってみましょう。これで、ざっとですが森林という途方もない巨象の全体をなでることができるでしょう。

「生産の森」、つまり、森林の物質生産の側面は、地球の持続性や私たち人類文明の存続の可否が問われているこれからの二一世紀以降ということを考えたとき、とりわけ重いものだといわなければなりません。

15 半永久的に再生産できる唯一の資源

イースター島の運命

これはすでに繰り返し述べてきたことですが、緑—第一次生産者としての植物のかたまりである森林は地球の生産力を根底で支えています。緑色植物自体が、実質的には地球で唯一、光合成によって太陽エネルギーを変換して有機物を生産すると同時に、すべての生産力の根源である豊穣の土壌を生み出しているからです。極論でなく森林がなくなれば地球の物質とエネルギーの循環は止まります。

「緑（森林）を失った文明は滅びる」、「文明の前には森林があり、文明の後には砂漠が残る」、これは歴史が教える例外のない教訓です。エジプト文明、メソポタミア文明、黄河文明、インダス文明など世界の四大文明にもそれはあてはまります。いずれの文明発祥の地にも近くに豊かな森林があったのですが、伐りつくして裸になって、そのため肥沃な土が流され、土壌の生産力を失って衰亡していったのです。

それらにもまして、宇宙船地球号にとって、より教訓的なのは、あのモアイ像で有名なイースター島文明だといえるでしょう。イースター島は、チリ沖合三〇〇〇キロに浮かぶ徳之島くらいの大きさの絶海の孤島ですが、それだけに、宇宙に浮かぶ絶空の孤天体―唯一の生命の星―地球の運命にとって、より示唆的だからです。

イースター島には五世紀に、東方のチリからではなく、西方からポリネシア人が流れ着き住みはじめました。イースター島のまわりを流れる西からの海流と西風に乗ってやってきたのでしょう。人びとが住みはじめたころのイースター島にはヤシの類を中心とした豊かな森林があったことが、地下に埋もれた花粉の分析でも証明されています。また森林によって長年培われた土壌も豊かでした。

その豊かな土壌を使って、タロイモ、ヤムイモ、ココヤシなどがつくられました。当然ヤシなどの樹木も、燃料に、住いの材料に、船の造作用にと伐られていきました。こうして、森林資産を食いつぶしながら、最盛期には一〜一・五万人が生活したと考えられています。

しかし、一七世紀あたりからカタストロフィックに人口が急減したといいます。木を伐りつくす森林破壊で土壌が流出し土地の生産力がなくなったばかりでなく、船を造る木もなくなってしまったのです。船が造れなくなると、海に出て漁もできません。

それればかりではありません。気がついてみれば、船が造れなくなると、もはや不毛の地となった島から脱出する方策さえつきたのです。こうして、島内で凄絶な食料をめぐる戦いが起こりカタストロフィックに人口急減が起こりました。そのあたりの恐ろしいイースター島の歴史の詳細は、安田喜憲『森と文明の物語』（ちくま新書）にも描かれています。

地球も、このイースター島の運命をたどっているように思えてなりません。一九八〇年から一九九〇年の一〇年間では年平均一五〇〇万ヘクタール、その後の二〇〇〇年まででも熱帯雨林を中心に一〇〇〇万ヘクタール近い森林が地球上から消滅していっています。一〇〇〇万ヘクタールといえば日本の国土面積のほぼ四分の一にあたりますが、結果的に毎年それだけ地球は生産力の基盤を失っていっているといえるのです。生産力を失いつつあるなかで、地球人口は爆発的にふえており、今世紀半ばには一〇〇億人を突破すると推定されています。

人口増加のうえに土地の基本的な生産力を失い、人類を養うキャパシティが減少しつづけると、地球はどうなってしまうのでしょうか。イースター島の運命が待ち受けているとしか思えません。キャパシティがなくなったからといって、宇宙船地球号から脱出してほかの天体に逃げ出すことは、ＳＦの世界ではありえても、実際には現実的ではありません。仮にロケット技術が発達して脱出することができるようになったとしても、地球のように土壌をもち、生産力をもった天体は、まだ見つかっていませんし、移住できる範囲で見つかる可能性もないようです。

脱出の船さえも失った絶海の孤島イースター島と同じく、弧天体に閉じこめられざるをえない地球人類もカタロストロフィーを免れることはできないのではないでしょうか。

現在の地球は、貯金の下ろし食い生活

諸々の古代文明もイースター島文明も土地の生産力を失うことによって、衰退していきました。大陸上のある特定の地域に発達した文明は、そこが衰退すれば、大陸上のほかのフロンティアに移住することもできました。しかし、絶空の天体―宇宙線地球号には、イースター島の運命と同じく、もはや逃げ出すべき新しいフロンティアは残されていないのではないか。

それでは、いまの地球の生産―消費の収支はどうなっているのでしょうか。

専門家の見方によれば、現在の人類は、本来の地球生産力の何倍かの消費をしているといいます。つまりは地球がいくつあっても足りないほどの消費をしているというのです。

人類が大規模に森林を切り開きはじめたのは、農耕牧畜をはじめた一万年前からです。しかし、それは、森林を切り開いたとはいえ、まだその土地の生産力をいかした食料や生活物資などの生産活動を行うためでした。その後、ますます文明が発達して人口もふえてくると、農耕牧畜の開墾以外にも森林樹木がさかんに利用されはじめました。森林は、薪炭などの家庭用燃料として、陶磁器などの焼成、さらには、鉄、銅など金属の精錬用として利用されていったのですが、その木材も膨大でした。日本の一例では、奈良の大仏の鋳造に炭材として一六六五六石という膨大な量が使われたということです。瀬戸内のような地方によっては、製塩のための燃料用の木材もばかにできないものでした。

こうしてすでに、地球の森林の約半分が消失したといわれています。そのうえに、いまでも日本国土の四分の一にもあたる面積が毎年、失われていっているのです。

それでは、しかし、命綱の森林が大幅に減りつつあるなかで、産業革命以降、これほどの大量生産、大量消費の未曾有の高度現代文明が発達しているのはどうしてでしょうか。

それは、端的にいえば、地球でカレントに循環している太陽エネルギーではなく、その「フロー」循環の輪の外にあるエネルギー、すなわちそれは過去の億年という気の遠くなる時間のなかで地中に蓄積された太陽エネルギーの「ストック」である石炭、石油（石炭は、二〜三億年前の植物、石油は二十数億年前からのシアノバクテリアや動物の遺体が原料といわれる）、あるいはウランといった地下鉱物資源の物理学的エネルギーが使われているからなのです。循環エネルギーの薪や炭がストックエネルギーの石炭や石油や原子力に、さらには、循環物質の光合成有機物（木材）がストック物質の石油由来のプラスチックや地下鉱物の金属などに置き換えられてきたからなのです。

だからこそ、現在の地球は、自然な循環で回っているエネルギーや物質の何倍の消費が可能になったのです。

地下資源に頼らず森林だけを利用して今の大量生産、大量消費文明を実現していたとすれば、おそらく、地球上の森林はとっくにゼロになっていたでしょう。エネルギーや物質を地下資源に代替したからこそ、地球上にはこれだけの森林が残されているといえるのです。その意味では、地下資源を使えたということはありがたかったといえますが、そうした稀有な時代もほどなく終わろうとしています。億年という歳月をかけて地中深くに炭素が固定された化石燃料が、ここ二〇世紀から二一世紀というたかだか二〇〇年足らずの間に使い切られようとしているからです。その費消ぶりは、なんと数百万年分の蓄積をたった一年で使っているという計算になります。

資源も限界が見え、たとえばもっとも重要な石油は、せいぜいあと数十年の貯金といいます。それも中国、インドといった一〇億人単位の人口をもつ国が、今日のアメリカとまではいわないまでも日本並みの生活レベルを実現すれば、もっと短くなるのはいきおい必至でしょう。すでに原油価格の高騰もはじまっています。

それらの地下資源は、使い切れば再生はききません。まさに、産業革命以来の大量生産、大量消費の時代は、家計になぞらえていえば先祖が貯めた「貯金の下ろし食い生活」だったのです。そうした生活がいつまでもつづくわけがありません。貯金は底をつきつつあります。

また、資源枯渇という問題だけではありません。この循環外のストック資源を大量に使うというところから、地球環境問題の大半も生じています。現在の地球のエネルギーや物質の循環外（地下埋蔵資源）から入ってきた炭素が行き場を失い大気中に蓄積された結果として生じたのが、二酸化炭素増加による地球温暖化であり、物資が、自然有機物のように分解されて土に帰ることなく、戻るべき場所を失った結果として生じたのが大量の産業廃棄物などの廃棄ゴミや環境汚染なのです。

むしろ資源枯渇より、こうした環境破壊によって、地球が破滅するのが先かもしれません。

ストックからフローへ、キーワードは「循環型社会」

貯金（ストック）を使い果たせば、ふたたび収入（フロー）に頼った生活に戻るほかないのは、家計ばかりではありません。地球という究極のマクロにとってもそれはあてはまります。地球に降り注ぐ太陽エネルギーという「収入」に頼った循環型生活です。地下資源の先が見えれば、私たちは、太陽エネルギーと、それを循環可能な有機物に変える森林の生産力にふたたび頼る以外の方途はありません。

生物が生きていくうえでも、ひいては人類文明が繁栄をつづけていくうえでも「エネルギー」と「物質」の二つが欠かせないことはいうまでもありません。しかし、そのいずれについても、循環外のものでは資源量に限りがありますし、循環外からもちこんだものがうまく処理されないと、環境破壊をもたらします。

それを避ける道は、繰り返しになりますが、現在の地球の物質やエネルギー循環の外にある地下資源利用はできるだけ減らし、太陽エネルギーの循環のなかに戻す、というところにあります。いざ資源が枯渇してしまってから、あるいは、環境がとり返しのつかないところまで破壊されてからでは遅すぎます。いまからソフトランディングに備える必要があります。

地下資源の有限性、環境問題、この両面から、近年大きなキーワードになっているのが、「循環型社会」なのです。

それは一般には、単にゴミを出さない、資源の再利用を行うといった意味で考えられていますが、それだけではありません。もちろんかぎりあるストック資源である化石資源や鉱物資源の三R―リデュース（削減）、リサイクル（再循環）、リユース（再利用）、すなわち、資源を無駄にしない継続的利用も大切ですが、「循環型社会」とはそれだけではないことを知らなければなりません。それは、より根本的には、ストックからフローへという「エネルギーや物質の循環」の大転換なのです。

つまり、それは、使っても減ることのない太陽エネルギーと、やはりその無尽蔵の太陽エネルギーとこれもまた無尽蔵の水を使って二酸化炭素を固定する植物の光合成による炭素循環という自然生態系のサイクルのなかに、われわれの社会における生産―消費―廃棄―再生産という諸活動のサイクルをできるだけ組み入れていこうとすることなのです。「循環型社会」というより、ズバリ「循環社会」といったほうが適切かもしれません。

今日問題になっている「循環型社会」とは、このように、文明史的、あるいは、地球史的なステージの転換という重いテーマでもあります。

バイオマスが拓く循環型社会の可能性

そうした点からすれば、より本來的な意味に近い「循環型社会」を目指しているのは、ＥＵ諸国、なかでもスウェーデンやフィンランドなどの北欧諸国です。

たとえばスウェーデンは、すでに一九九一年の時点で、産業用の石油、石炭、天然ガスなどの化石エネルギーに高い炭素税をかけることによって、それらの使用を抑制するとともに、再生可能な（循環型の）エネルギーへの転換をはかっています。また、一九九九年には「持続可能なエネルギー供給を目指して」という法律をつくり、その時点で稼動中の原子力発電所を二五年経過時点で閉鎖することを宣言しました。これらの動きをみても、いかに意図的に「ストックからフローへ」という転換をはかり、本来の意味での「循環型社会」を目指しているかがわかるでしょう。

一九九九年時点でのスウェーデンのエネルギー供給割合は、原子力三五パーセント、石油三三パーセント、石炭その他五パーセント、再生可能エネルギー二七パーセントだったのですが、その三五パーセントを占める原子力ネルギーを全廃するというのです。そればかりか炭素税を導入することにより石油、石炭の化石エネルギーも抑制しようとしています。

その穴をうめるのが、再生可能なエネルギーですが、「再生可能なエネルギー」とは、一般に風力、小規模水力（大規模ダム発電は、生態系を壊すおそれが強いため除外されている）、地熱、太陽エネルギー、さらにはバイオマスなどが含まれます。そのなかでもスウェーデンが特に力を入れているのが、バイオマス・エネルギーの活用です。バイオマスとは、既述のように生物由来の物質すべて（ふつう食料をのぞく）を指しますが、それらはいずれも太陽エネルギーをとりこんだ炭素化合物を含んでいるため、エネルギーのとり出しが可能なのです。実際にエネルギーとり出しに使われるバイオマスには、木質バイオマス（木材）、生ゴミ、農業廃棄物、家畜糞尿などがありますが、スウェーデンが特に力を入れているのが木質バイオマスであることは当然でしょう。スウェーデンは森林率六七パーセントと高いうえ、人口一人あたりの森林面積も広く、資源が豊かだからです。

日本でも遅ればせながら二〇〇二年末に「バイオマス・ニッポン総合戦略」が打ち出されました。そこでもさまざまなバイオマス利用の取組み方向が打ち出されていますが、いまひとつまだ北欧のような強い流れにはなっていません。スウェーデンではすでに十数年前に導入されている化石燃料の抑制のための炭素税（日本では環境税）も、まだ導入が議論されている段階だということを見てもそれがわかります。

日本のバイオマス活用の大きな枠組としては、間伐材、街路樹、庭木剪定ゴミ、建築廃材などの「木質バイオマス」、家庭用、産業用などの「生ゴミ」、「家畜糞尿」、さらに稲わら、モミ、サトウキビ絞りかすなどの「農業廃棄物」の活用です。日本は、経済力にものをいわせて世界中から多くの資源をかき集めています。国内自給率二〇パーセント弱で世界第二位の木材輸入国、カロリー換算自給率四〇パーセントで世界一位の食料、飼料輸入国ということから見ても、いかに大量のバイオマス資源が日本国内にもちこまれているかがおわかりでしょう。それらが最終的には、さまざまな廃棄物となって出てきます。

日本の家屋は木造が多く、したがって日本の大都市は、もう一つの「巨大な森」といわれています。しかもその建築寿命は二〇～三〇年と諸外国とくらべて短く、建築廃材も膨大です。そうした意味で日本はバイオマス大国ともいえるのです。

しかし、それらが充分に活用されず、大量のゴミとして捨てられ、焼却や埋め立てによって処分されています。焼却にコストをかけ、大量の二酸化炭素を排出し、あるいは広い埋め立て場所を占拠して環境破壊をともなっています。〝モッタイナイ（ウンガリ・マータイ女史）〟かぎりだし、それればかりでなく、よくよく考えてみれば、まことに馬鹿げた話です。「資源使い捨て大国ニッポン」という汚名をきるのもむべなるかなです。

バイオマスをエネルギーとして使うには、ふつう薪や炭のようにそのまま燃やすものと考えがちですが、いまではさまざまなエネルギーの取り出し方法が開発されています。熱分解によるガス化、液化、そして生ゴミや家畜糞尿のバクテリア醗酵によるバイオ・アルコール化やメタンガス化などの技術が、もう充分に実用の域に達しています。ここでも微生物の活躍が脚光を浴びはじめています。

また、木質バイオマスを使うといっても、もはや昔のカマドや火鉢の時代にもどる必要はありません。ガス化や液化された木質バイオマス燃料は、石油やガスのインフラや器具を使って簡単にそれらに置き換えられます。すでにガソリンに代わるエタノール・アルコール、軽油に代わるバイオ・ディーゼル油が世界中で使われています。

直接燃やす場合でも、より流通しやすく、利用しやすいように木材を破砕して加工した粒状燃料「ペレット」も量産されはじめています。

しかし薪のままで燃やすのもいいものです。私は山小屋で薪ストーブを使っていますが、石油ストーブに代わって灯油を節約できるだけでなく、薪の燃える焔は見た眼にも暖かく、心も癒されます。焚き火を囲んで憩った人類の祖先たちの記憶が、私たちにも蘇るのでしょうか。焚き火は暖かく明るいだけでなく、オオカミなどの野獣から身を守るもっとも安全な術でもあったのです。野生動物は、本能的に燃える火やその焦げる匂いを恐れます。

また、バイオマス活用はエネルギーのとり出しばかりではありません。人間が生きていくためには「エネルギー」とさまざまな「物質（生活資材）」が必要ですが、この面でもバイオマスは重要です。最重要のバイオマスともいえる食料（実際は既述のように食料は「バイオマス」には含めない）をのぞいても、建築材料や、家具、日用品などの道具材料のように木材バイオマスをそのまま使うものだけでなく、その有機高分子を使って有機化学的にさまざまな石油プラスチック製品の代替えが可能です。すでにコーン、ポテトや、その農業廃棄物から生分解性プラスチックの食器や植木鉢がつくられているのはご存知のことと思います。高度な工業製品であるベンツ乗用車も、なんと九〇パーセントの内装材にバイオマス由来の素材を使っているモデルもあるといいます。

コストの問題さえ解決できれば、石油を原料としているプラスチックでバイオマスからつくれないものはないといいます。石油も石炭も天然ガスも、すべてもとはといえば植物や動物遺体のバイオマスに由来しているというわけですから、それは、当然といえば当然の話です。石油の枯渇ということになれば、その時点ではコストの問題などいっておられません。しかも、天然のバイオマスは硫黄などの余計な成分を含んでいませんから、最終的に燃やしても酸性雨などの大気汚染の問題なども起こらない。

「バイオマス製品が石油プラスチックの代替えができる」といいましたが、その言い方は、本来的には本末転倒なのです。石油製品が市場に出まわる以前は、それらはほとんどバイオマス（天然材料）でつくられていました。もともと石油製品が、バイオマスの代替えだったのです。それが本来に返るだけだといえます。

バイオマス活用の利点

最後に、バイオマス活用の利点、地球環境と日本の社会にとっての意味合いを考えておきましよう。

まずは、これまで述べてきたことからも明らかなように、再生可能な資源だということです。お日様が照るかぎり、全世界で使用されているエネルギーの一万倍も降りそそぐといわれるほど無尽蔵の太陽エネルギーを物質として循環させる森林を中心とする健全な生態系があるかぎり、いくらでもバイオマスは再生産できます。資源枯渇とは無関係です。

京都大学大学院エネルギー科学研究所・河本晴雄助教授は、毎年、植物がとりこむ太陽エネルギーは全世界が年間に消費するエネルギーの七倍にも達すると推定しています。


「陸上の植物は、大気中に存在する二酸化炭素の実に七分の一もの量を毎年光合成によって固定化している。これは驚くべき数字である。このうち約半分は、呼吸により二酸化炭素として直接大気中に放出され、残りの約六百億トンの炭素が植物体として新たに固定される。これに伴い、太陽エネルギーが取り込まれることになるが、これをブドウ糖のエネルギーとして計算してみると、五・七×一〇の一七乗キロカロリーとなり、これは一九九一年における世界のエネルギー消費量八・〇×一〇の一六乗キロカロリーの七倍強に相当する」（シンビオ社会研究所『京都からの提言―明日のエネルギーと環境その続編』一三二頁）

また、バイオマスは繰り返し使用できるという特徴をもっています。木材を建築材に使い、とり壊せば、廃材のいいところだけを使って集成材にしてふたたび家具などに、あるいはパルプにして何度か再生使用し、使いきれば最後は燃やしてエネルギーをとり出すことができる。このように段階的に最後まで無駄なく使っていくことを、木材のカスケード使用といいます。カスケードとは、西洋庭園に見られる階段状に分岐した滝のことです。

けれども、もっとも大きい利点は、地球温暖化防止の切り札になるということです。バイオマスは、もともと大気中の二酸化炭素を植物が光合成によって、吸収、固定したものですから、それが燃焼しても(腐るのも、最終的には二酸化炭素を出すという意味で「燃焼」といえる)、もとに返るだけ、光合成とは反対の酸素分解を起こすだけだからです。ふたたび同じ量の植物が生長すれば、同じ量の炭素が固定される、つまり、炭素が地球上を循環しているだけですから、こうした理由からバイオマスを「カーボン・ニュートラル」と呼びます。

一三〇〇年という年月を経過している法隆寺のように、建築材としてバイオマスを長く使えばそれだけ長期間、炭素を閉じこめておけますし、最終的にエネルギーとして活用すれば、そのぶん、化石燃料を少なくできるため地球温暖化防止にきわめて有効です。

そればかりか、燃やしても有害物質を出さない、放っておいても腐って土に返るだけ、というのもバイオマスの大きな利点です。バイオマスは、もともと地球生態系のなかをめぐっている本来の意味での「循環」物質だからです。バイオマスを循環させるかぎり、ゴミ問題や、ダイオキシンや環境ホルモンなどのやっかいな環境問題を起こすこともない。腐らせれば、かえって生産力のある土壌をつくり出します。一方、石油プラスチックは燃やせばダイオキシンをはき出し、化学合成物質は環境ホルモンなどとして土壌や水質汚染をもたらすなど、そのまま放置すればいつまでも分解されず汚染物質として地球上に残りつづけます。

以上はどちらかといえば、地球環境、生態系の面での意味合いですが、バイオマス利用が、社会的にもたらす農山村への大きな影響という点も見逃せません。それはバイオマス利用が、林業、農業、ひいては山村を活性化してくれるのではないかという大きな可能性です。

これは、大きなテーマなので、節を変えてお話しましょう。

バイオマス再資源化が、日本の山村を活性化する

現代社会をエネルギーと物質面から支えてきた化石燃料、鉱物資源などの地下資源は、地球上で産出国や地域がかぎられ、日本はいずれの資源にもあまり恵まれず、そのほとんどを輸入に頼ってきました。それらは地球上のあらゆるところから遠路、巨大船で運ばれ大都市近郊の港で陸揚げされました。そしてその周辺のコンビナート、工場などで加工され、エネルギー源として、工業製品として全国に運ばれました。

すなわち大きくいえば、日本国内での資材の流れは、大規模・中央集中型の、大都市（中心）から地方へというものでした。たとえば、エネルギー供給では、原料はほとんどアラブや東南アジアからマンモスタンカーではるばる運ばれ、精製工場でガソリンやプロパンガスなどの製品となってタンクローリーでどんな田舎や山中にも運ばれました。また、火力発電所も陸揚げ港の近く（コンビナート近く）に配置されました。こうして日本国土に大規模・集中型の効率的な動脈網が形成され、日本経済は発展してきました。日本ほど中央集中型の国はないといいますが、輸入に頼る資源の流通効率性の追求にもその一因があるのかもしれません。

しかし、こうした地下資源とはちがって、木質バイオマス、農業廃棄物、家畜糞尿などの多くは、いわゆる田舎にあり、しかも少量ずつ分散されています。もちろん、生ゴミや産業廃棄物のように都市部に多く集中するものもありますが、それらも含めて総じて日本国土にあまねく分散しています。わざわざエネルギーを運ぶためにエネルギー＝石油を浪費するという無駄なことこのうえない遠距離輸送で集中・分散させることなく、地産地消が可能です。すでにバイオマス利用先行地域で実用化されている小規模コ・ジェネレーション・システム（限定地域に電力と、その廃熱による温水を同時提供する小規模のエネルギー高効率利用システム）などの地産地消が注目されています。

資源が分散されているバイオマスを活用する社会は、必然的に小規模・分散型、しかもその地域で資源が循環するいわゆる地産地消の「スローな」循環型社会になる可能性があるのです。

それればかりではありません。地方でバイオマスが利用されるようになると、いまやほとんど衰退状態に向かいつつある農林業、ひいては山村が生き返ります。

日本社会のいびつさは、大都市人口集中もさることながら、その裏面の、地方、なかでも山村の過疎化、よりありていにいえば崩壊にあります。

山村にまだ元気があった昭和三〇年代までは、実は、日本は見事な循環型のバイオマス社会だったのです。生活物資はほとんど自然素材（バイオマス）でした。燃料は、薪炭などの木質エネルギーであり、肥料は堆肥や刈り敷き、動物の厩肥でした。また、木材も食料もほぼ一〇〇パーセント自給自足していました。資源は、過不足なくその土地で循環していました。

ということは、それらがあまねく有用で、経済価値があったということです。

しかし、化石資源時代に入って、それらは経済価値を失ったばかりでなく、山村自体にとってもほとんど無用のものとなりました。どんな山村でも、薪炭エネルギーがプロパンガスや電気に、有機肥料が化学肥料に、木材が外材に、と変わった、いわゆる「燃料革命」、「肥料革命」、「木材輸入自由化」の影響で、バイオマスは利用の方途を失ってしまったのです。林業でいえば、日常的な現金収入であった薪炭生産は壊滅し、木材生産も外材輸入で立ちいかなくなり、ほとんどの林地は利用価値のないものになりました。農業もほとんどの作物は自家消費だけの、経済財としては成り立たないものとなり、耕作放棄農地もふえました。こうして地域資源の循環も途切れてしまいました。

林地も農地もあまり価値を生まないものになる。そうなれば当然ながら、今日の貨幣経済下では山村の人びとは生活していけません。過疎化が進み、山村が崩壊するのは必然です。多くの人びと、なかでも若者たちはそのほとんどが拡大著しい都会に出て行きました。こうして山村の高齢化、過疎化、ひいては崩壊がはじまったのです。その崩壊は、まさに大規模・集中型の体制ができ上がっていく過程と軌を一にしていたのです。

これまで政府が何次かにわたって過疎対策を立ててきましたが、ほとんど効果は見られなかった。それは、実際には公共事業などのカンフル剤的方策でしかなく、山村の資源（林地、農地、産物、人）がほんとうに活かされるようにはならなかったからです。バイオマス社会は、そうした山村の資源がふたたび活かされる社会になる可能性を秘めているのです。

ふたたびバイオマスが活用される社会になれば、いままで見捨てられてきた林産物、農産物、あるいはその廃棄物でさえも、ふたたび価値をもつようになってきます。そしてそれは、地域でバイオマスが生産、加工・流通、消費されるということであり、第一次産業の農林業が活性化するだけでなく、それにともなって加工や流通の第二次、第三次産業も起こってきて、ひいては雇用もふえ、地域経済が活性化していきます。

そうなれば、資源枯渇が不可避の二一世紀に、日本にとっても大きな問題となってくるはずのエネルギー安全保障、食料安全保障にもつながるものとなります。アメリカの前クリントン政権の打ち出した「バイオマス国家戦略」の第一義は、エネルギー安全保障にあったのでしょう。現在四パーセントのバイオマス比率（日本では一パーセントにも満たない）を二〇一〇年までに三倍にする計画を推進していますが、サウジアラビアに次ぐ世界第二位の石油産出国であるアメリカでさえそうですから、石油資源のない日本では、バイオマス活用はエネルギー安全保障の面からなおさら必要なのではないでしょうか。

また、食糧自給率は、フランス一三九パーセント、アメリカ一三二パーセント、ドイツ九七パーセントなどと比較しても圧倒的に低く、日本は四〇パーセント（二〇〇四年）と先進国中最低です。日本はまだ六七パーセントの最高レベルの森林率を誇り、豊かな雨量と適度な気温、森林がつくった豊穣な土壌という一次生産を支える基盤があります。それらを活かさないのは地球的に見ても大きな損失です。

もう一つ、バイオマス資源活用は、日本の水土保全や、生物多様性維持などの環境保全にも直接つながってくるものでもあるのです。山村の崩壊は、担い手不在による森林の手入れ不足や農地の放棄という形を通して、それらに深刻な影を落としています。バイオマスが再有用化されれば、山村自体が活力をとり戻し、その面でも解決の道が開ける可能性があります。

16 持続可能な社会と森林の持続的管理

持続可能性とは？

「循環型社会」にもまして、いま世界中で一つの流行語になっているのは「持続可能な（sustainable）」というキーワードではないでしょうか。「持続可能な開発」、「持続可能な社会」、「持続可能な地球」といったさまざまな表現が用いられますが、目的としているところはほぼ同じだといえます。

もともとの由来は、国連環境計画・ブルントラント（元ノルウェー女性首相）委員会の報告書ではじめて使われた「持続可能な開発（サステイナブル・ディベロプメント）」という言葉ですが、それは「将来世代がそのニーズを満たす能力を損なうことなく現世代のニーズを満たす開発」と定義されています。

人類が繁栄をつづけていくためには、資源や地球生態系を利用していかなければなりません。しかし、いまのままの資源の下ろし食い（過収奪）や生態環境の破壊をつづけていては、繁栄をつづけていくことができないことは前講でも述べました。

今日、科学技術の発達の結果として人類は未曾有の繁栄をとげ、ことに先進国といわれる国々の人々は豊かな生活を享受しています。しかし、その結果として、砂漠化、オゾン層の破壊、地球の温暖化、酸性雨、熱帯林の減少、野生生物の種の減少、海洋汚染、有害廃棄物（環境ホルモン）などのさまざまな地球規模の環境問題、それに加えて資源の枯渇問題が生じています。

それはとりもなおさず、大量生産、大量消費、大量廃棄の現代文明の地球資源収奪や環境破壊が地球のキャパシティを超えているということであり、見方を変えれば、私たちの子孫の分け前を現世代が奪っているということでしょう。このままでは将来世代の繁栄はおろか、生存さえ危ぶまれる。「持続可能性」とは、将来世代の分け前を残しながら、地球の有限な資源と環境処理能力の範囲内に戻して使っていこうということなのです。この言葉には、私たち現世代の、子孫への思いやりと責任という倫理的な意味がこめられています。

「持続可能な地球」の命運は、「持続的な森林管理」が握っている

そうした「持続可能な地球」「持続可能な社会」のもっとも大きな命運を握っているのは「持続的な森林管理」といってもいいのです。

これまでにも縷々見てきたように、食糧、バイオマスなどの物質生産、さらにはそうした物質の生産基盤となる土壌をつくり出しているのも森林です。またこうした資源供給ばかりでなく、水土保全、地球気象の安定化などの環境保全、生物多様性保全などの諸機能を支えているのも森

林であることも、これまで見てきたとおりです。

まさに「森が潰れれば文明も滅ぶ」のです。「持続可能な社会」、「持続可能な地球」は「持続的な森林管理」と同義語といっても過言ではありません。

こうした認識は、一九九二年のリオ・デ・ジャネイロの「国連開発環境会議（地球サミット）」で採択された「森林原則声明」でも示されています。

「森林は経済発展及びすべての生命体の維持にとって必要不可欠なものである」

何度もいうように、その地球上の森林は、劣化しているだけでなく、減少をつづけています。

そうした現状のもとで「森林原則声明」や、その実行計画指針とも位置づけられる「アジェンダ二一」を受けて、世界的にも、あるべき森林管理に向けたさまざまな試みがはじまっています。

たとえば、その動きは、違法伐採などでもっとも消失のはげしい熱帯林の持続可能な管理と木材貿易の健全な発展を目指す「国際熱帯林木材機関」（本部は日本の横浜市）の設置、日本も、米国、カナダ、中国などの温帯林諸国とともに参加している、地域に合ったあるべき森林管理の基準・指標づくりを目指す「モントリオール・プロセス」、そのEU版である「ヘルシンキ・プロセス」、あるいは「適切な森林管理」基準に合致する森林を認証し、そこから生産される木材をラベリングによって消費者に推奨する森林認証機関NGO・FSC（森林管理協議会）の活動、などなど。いずれも、「持続的な森林管理」を目的とした新しい国際的な取組みです。

しかしここでは、そういったむずかしい専門的な話ではなく、もっと身近な問題として、日本の森林をどう守り、どう利用していくか、すなわち日本の森林の持続可能な管理について世界的動きも背景に置きながら考えておきましょう。

いま、日本の森林管理で問題となっているのは、大きく二つあります。

一つは、スギ、ヒノキ、カラマツなどの人工林の手入れ不足であり、もう一つは、いわゆる里山、かつての薪炭林や農用林が利用されなくなって崩壊しつつあるという現状です。

いずれも、利用されるべき森林が利用されなくなった結果、その放置が大きな問題になっています。まず前者、すなわち日本の森林面積の四〇パーセント以上を占めるスギ、ヒノキなどの用材林―人工林から見てみましょう。

日本の人工林はどうなっているか？―生みっ放しの人工林

これまでにも触れてきたように、日本の森林率は六七パーセントで、先進国のなかでダントツといえます。しかも現在、樹木の生長が、伐採量を上まわっており、人工林を中心に毎年、木材資源の蓄積量が大幅に増加しています。これを聞くと、一見、万々歳のように思えますが、その裏面があることを忘れてはなりません。

一つは、自給率二〇パーセントを切って世界第二の木材輸入国になっているという事実であり、それだけ海外の森林破壊に手を貸しているということです。いま日本が輸入している木材のおもな輸出元は、北アメリカ、熱帯林地帯、ロシアなどですが、その多くは、人工林ではなく天然林から伐り出されたものであり、その意味で略奪的ともいうべき林業で生産されたものです。日本の森林が資源量をふやしている裏面には、このように世界中の天然林破壊が随伴しているのです。「世界の森食い虫ニッポン」の汚名を着せられているゆえんです。まさしく「日本の森は世界の森につながっている」のです。

いま一つは、その結果として先にも触れた山村の崩壊に拍車がかかっているという現状です。ほとんどの輸入木材が天然林から伐り出されたもので、日本の人工林のように保育にコストをかけたものではないなどの事情から、国産材は輸入材に対して価格面で太刀打ちできません。その結果、グローバルな市場経済下での木材貿易自由化にさらされ、日本の林業が成り立たなくなってきているのです。そして、この林業衰退と、その結果の山村崩壊による担い手減少をもともなって日本の森林を手入れ不足に陥らせ、さまざまな深刻な問題を生じさせています。

それでは、どんな問題が生じているのでしょうか。

もっとも懸念されるべきは、国土保全、水源涵養などの働きの劣化です。人工林が手入れ不足になると、ことにこれら機能が劣化し、大きな問題を引き起こすのです。

戦争で荒れた国土の修復のための復興造林や、高度経済成長期の木材需要増加を背景にした拡大造林によって、日本の人工林比率は四〇パーセント強の一〇〇〇万ヘクタールにも達しており、これは世界でもっとも高い比率です。それは、戦争で裸になった国土の緑化という点では大きな成果でもあったのですが、生態的に不自然な人工林が広がりすぎたことと、その後の林業衰退による手入れ不足の結果として森林機能の劣化が懸念されるなどの問題が生じているのです。同じ樹種が、密に植えられている人工林は、管理をおこたると、気象害や病害虫に対してきわめて脆弱になります。

ふつう人工林の管理保育には、地ごしらえ、植栽、下刈り、除伐、枝打ち、間伐、主伐といった長い期間の作業がともないます。

せっかくスギやヒノキを植えても下刈りがされないと、それら目的樹種はほかの草木に打ち負かされて育ちません。この下刈りが管理のなかでも労働的にもっとも厳しく、コストのかかる作業で、真夏に炎天下でケムシやマムシ、スズメバチにもおびえながらの作業です。これは、草木が前年に貯めた養分を使って伸びきったところを刈って弱らせる目的をもっていますから、真夏に行なわなければならないのです。植つけ後の夏から苗がほかの草木に被圧されなくなるまで七～八年はつづけなければなりません。

次が間伐と枝打ちです。一般的にはヒノキやスギは一ヘクタールあたり三〇〇〇本（一坪一本）をメドに植えられます。あまり疎にすぎると下草木の育ちがよく、下刈りの回数が多くなる、また苗の育ちがよすぎて年輪の幅が広くなり良材が得られない、逆に密に過ぎると苗や植栽のコストがかかるだけでなく、競争過多になり早くから相互被陰になりやすい、などの兼ね合いから、これくらいが適当とされています。

写真４　ヒノキ人工林での枝打ち作業
（筆者・茨城県、里川にて）

このような作業が何十年にもわたってつづけられなければ良材は育ちません。生みっ放しで保育がなされなければ、人間でもまっとうな「人材」は育ちません。人工林では、良材が育たないばかりではありません。木材生産という経済的機能ばかりではなく、国土保全、水源涵養などの公益的機能のきわめて劣った、むしろ危険ともいえる森林となるのです。

スギやヒノキは常緑樹ですから、間伐や枝打ちがなされないと、一年中林冠が緑でおおわれ、日光が林地に達しません。そうなれば、下層植生は育たず、林地は裸になります。ま

写真5　植っ放しの暗いスギ人工林

写真6　よく手入れされたスギ人工林

た、そうなれば、土が流亡しやすく、土砂流出や崩壊にもきわめて脆弱になる。特にヒノキは葉が鱗片状で流れやすく、しかも腐りにくいので土壌が発達せず、雨水がしみ込まないため地表流も多くなります。

もともと針葉樹は広葉樹のように直根が深く入らず、根が横に張る性質のため地すべりなども起こしやすく、ますます災害に弱いものになります。その結果、台風や大雨による立木の倒壊や山地の崩壊といった自然災害が多発しています。一九九一年の台風一七号、一九号で、九州地区の林業地帯が大きな被害を被ったことは記憶に新しいところです。

今日の日本の山地では、こうした手入れが必要な人工林が多く手つかずのまま放置されている。特に昭和四〇年代に拡大造林で植えられた人工林のほとんどが間伐の必要な時期に来ています（過ぎているものも多い）が、多くが放置されています。それは手を入れても投資の回収の見込みがない、すなわち林業が経済的に成り立たないことや、それ以上に山村崩壊により手入れを行なう働き手がいないことに起因しています。

良材を得るためだけでなく、災害に強い森林をつくるためには、林業復興、ひいては山村の復興がぜひとも必要です。「バイオマス」のところでも指摘しておいたように、さまざまな山村振興、林業振興策が政府によって行われていますが、充分な成果があったとはいえません。それは、根本的には、今日のグローバルな市場経済下では、日本の林業が立ちいかなくなっているところに求めることができるでしょう。

それには次のような日本の林業の根本的な事情もあるのです。

日本は林業に向いているか?

人工林の保育作業をことこまかく述べてきたのもほかでもありません。これらの一連の作業は日本では用材生産に必須のものとされていますが、それらの多くは海外の林業では必要のないもの、日本の林業に独特といってもいいものも多いのです。そうした特殊事情こそ、日本の林業をきわめて労働集約的、高コストにし、国際競争力のないものにしている主原因なのです。日本の「持続可能な森林管理」、もしくは「持続可能な林業」を考えていくうえで、この基本的な事情の充分な理解が欠かせません。

日本は植物生長に欠かせない気温、水条件に恵まれており、生長が旺盛なことは、すでに触れたとおりです。林業にとって、植物の生長が旺盛であることが必要条件であることはいうまでもありません。日本はその面では基本条件は備えているといってもいいでしょう。

しかし「日本は林業を行うためには植物の生長が旺盛すぎる、あるいは草木の『種の多様性』が日本の林業をむずかしくしている」といえば奇怪に聞こえるでしょうか。ところが、それは紛れもない事実であって、日本の林業には、そうした特殊な事情があるのです。

日本ではこれまで、林業的有用樹種といえばスギ、ヒノキ、カラマツ（北海道ではエゾマツ、トドマツ）などの針葉樹が中心でした。これらの針葉樹は条件さえそろえば生長量も大きく、主幹が一本だけまっすぐに伸び、柱や梁など建築材に適しているからです。特に日本の固有種のヒノキ、スギは、材もきわめて美しく、また加工もしやすい良材で、それらに恵まれていたために、日本は「木の文化」が育ってきたともいえるのです。戦後の拡大造林で広葉樹から針葉樹への転換が行われ、日本の森林の四〇パーセント以上がスギ、ヒノキ、カラマツなどの人工林になってきたのもそうした事情が働いてのことです。

しかし、日本は、この針葉樹施業には、ほんとうは向いていないのです。それは、日本の自然植生を見ればわかります。

西日本ではシイ、カシ、タブなどの常緑広葉樹林、東日本ではブナ林帯と、最大の面積を占める二つの樹林帯が、いずれも「広葉樹」中心の極相林になっています。ということは、日本は、本来的には広葉樹に向いている、逆にいえば針葉樹には向いていないのです。日本には、北海道のほんの一部の亜寒帯針葉樹林と高山の森林限界をのぞいて針葉樹の自然林の純林はほとんどありません。北海道の亜寒帯林も、大部分は針広混交林です。

日本の針葉樹は、そうしたなかで、広葉樹にとってあまり条件がよくないところに混じって生えていました。そのように生物が他種との競争関係のなかで見出した落ち着き場所をニッチ＝生態的適地と呼びますが、スギ、ヒノキなどの針葉樹のニッチは、広葉樹にとって条件の悪いところだったのです。広葉樹より、どちらかといえば貧栄養や乾燥に強い針葉樹は、そうしたところだけでかろうじて、広葉樹との競争にうち勝って定着してきました。

拡大造林では、おもに天然林の広葉樹を伐って針葉樹に変えてきました。このように人工林は、本来、広葉樹にとって条件がよく放っておけば広葉樹林になるところを無理に針葉樹の森林にしたのであり、それは、自然の動き（遷移）に逆らっているともいえるのです。自然に逆らえば、それだけ人手とコストがかかるのは避けられません。日本における針葉樹施業は、人手とコストがかかるという根本的な問題をかかえているのです。

その理由を、日本林業技術協会・技術指導役の藤森隆郎さんは、夏が暑くて雨量の多い日本のモンスーン気候に求めています（『森との共生』）。

このモンスーン気候の夏の高温と雨量の多さが、スギ、ヒノキなどの目的樹種以外の、それらを特に好む広葉樹やつる性植物のあまりに旺盛な生長をもたらし、下刈り、除伐、つる切りなどの作業を強いる。氏の経験からも、日本ほどこれら植物の生長の旺盛な地域はあまりないとも指摘しています。

一方、対照的なのはアメリカ、カナダ太平洋岸で、海流と気圧の関係で夏涼しくて乾燥し、冬は温暖で雨量が多いという大陸西岸性の気候から、放っておいても針葉樹の森林が形成される。本来、冷涼な気候を好む針葉樹に向いていて、高温多雨を好む広葉樹には向いていないのです。そのような地帯では天然林でも針葉樹の純林に近い森林が形成され、仮に針葉樹人工林をつくるにしても、それほど手がかからない。しかもそこでの針葉樹の生長量は条件がそろっているためにきわめて大きく、日本で生長量の大きいスギの二～三倍に近い値を示すといいます。

ニュージーランド、チリ、アルゼンチンなども、北アメリカ西岸ほどは恵まれてはいないにしても、似た樹木の生育環境でしょう。ロシアのタイガがカラマツなどの純林であることは指摘するまでもありません。ヨーロッパも、北アメリカ西岸とはちがった気候、植生ですが、それでも植生が単純で下層植物が少なく、下刈り、除伐などはあまり必要としないのです。ササ類のまったく存在しないヨーロッパなどに対して、林地にチシマザサ、チマキザサ、ミヤコザサ、スズタケといった多様なササをともなう日本は、この面でも人工造林だけでなく、天然生林（植栽などの人工更新ではなく天然更新を基本としながら、多少の手を加え用材を得る施業）にも多大な人手とコストを要します。

まさしくここに「植物の生長が旺盛過ぎて林業に向いていない、植生が豊か過ぎて林業に向いていない」という逆説があるのです。

そのうえ、日本は林地に急峻な斜面が多く、林道敷設や大型省力機械の導入にも不利で、伐採・持ち出しをはじめとした作業に大きなコストがかかります。また所有面積の小さい零細林業家が多く、経営や作業の集約化ができないことも不利な点です
そうしたさまざまな条件から、日本の林業はきわめて労働集約的であり、コストがかかります。日本は植物の生育は旺盛ですが、針葉樹を中心とする木材のグローバル市場経済下での国際競争力となると、大きく劣ることになります。

しかし、市場経済的に太刀打ちできないからといって、林業が衰退するに任せていいのでしょうか。任せていいはずがありません。

森林の役割のところでも述べたように、森林は木材生産という経済的機能のほかに公益的機能を数多くもっています。むしろ今日では、一般的には公益的機能のほうがよほど価値が大きいと考えられています。経済的機能だけで林業がすたれば、森林が荒廃し、ひいては公益的機能も損なわれてしまう。林業や、同じく公益的機能をもち、食糧安全保障上も重要な農業については、市場原理の自由貿易、グローバリズムの蹂躙《じゅうりん》にまかせてはならないという声が世界中でも起こっ

ているのは、理由のないことではありません。農林産物の自由貿易を話し合うWTO（世界貿易機関）の閣僚会議に、多くの市民団体や環境団体が反対のデモを行っています。

林業や農業には市場原理だけでなく、環境保全そのほかの要素も加えた評価システムがなければならないのです。まして日本は、急峻で脆く、台風、地震などの自然災害の多い国土です。健全な森林の維持は、国土保全の面からも至上命題なのです。

自由「市場」が、その副作用としてもたらすさまざまなマイナス、それが「外部不経済」や「市場の失敗」と呼ばれることはご存知のことと思いますが、広くは経済拡大がもたらす公害、環境破壊もすべてそれにあたりますし、木材のグローバル市場主義がもたらす日本の林業衰退もその一つだといえます。安い木材が外国から入ってきて、消費者にとっては好ましいことかもしれませんが、その裏面では、さまざまな問題―海外の非持続的な森林伐採、日本の山村の崩壊、ひいては森林の公益的機能の低下という外部不経済が生じていることを忘れてはなりません。

このように日本は、林業にとっては、「条件不利国」といわざるをえないのです。農業と並んで「市場の失敗」が起こっています。それを是正するなんらかの方策が考えられなければなりません。もちろんさまざまな合理化、コストを下げるための技術開発など林業自体の努力も欠かせませんが、それだけでは、とても追いつけそうもありません。日本の林業を維持するためには、なんらかの助成策を考えていく必要があります。

林業は、ほかの産業や、一年から二年の時間単位の農業などとはちがって、短くても何十年、長ければ一〇〇年単位で生長する森林を相手にするだけに、ほかの経済活動とは時間単位がおよそちがいます。その森林を扱う林業が、短期的な時節だけの、しかも市場経済的条件だけで扱われれば、結果不合理をもたらすといわなければなりません。

また、いつまでも海外から安い木材が入ってくるともかぎりません。すでに多くの国では資源枯渇から木材の輸出を禁止していますが、この勢いは止まることはないでしょう。いざ入ってこなくなってからでは遅すぎます。林業は何十年から一〇〇年を超える時間単位の営みです。木材資源の安定確保の面からも、いま経済的に成り立たないからといって日本の林業を衰退に任せていてはとり返しがつかない事態を招いてしまうことでしょう。しかも日本は植物生育の基本条件を備えており、ある程度手がかかるにせよ、管理をおこたらなければ森林は立派に育ちます。

里山二次林の再生―放置して遷移にまかせておけばいいのか?

人工林の手入れ不足とならんで、もう一つの問題が、里山林―雑木二次林の放置です。

近年、「里山ブーム」という言葉もあって、「里山」は流行語の一つになっています。しかし、この言葉は、まだ多くの辞書にも載っていません（『広辞苑』では、一九九八年発行の第五版から載るようになった）。一般的に使われるようになって、それほど古くはないのです。この語がいまのように一般に広まったのは、森林生態学者・四手井綱英さんが、約四〇年前に論文に使ってからのようです。

すでに「生物多様性」のところでも触れましたが、里山とは、村落の近くにあって、人びとがその資源を生活に利用しつづけてきた、逆にいえば、人間によって収奪されつづけてきた森林です。具体的には、薪炭などの生活エネルギー、建物の補修や日用器具などの用材、堆肥や刈り敷きなどの肥料として、さらにはまた薬草、山菜や、ときには救荒用の食糧としてたえず収奪されつづけてきたところです。収奪、攪乱が繰り返されてきたために遷移が初期段階で止まって二次林化し、独特の貴重な自然生態系ができ上がっていることも、そこで触れました。それはまた下層植物の豊かな落葉広葉樹を中心とした森ですから、水源涵養、土砂流出防止などの山地保全といった面からも村落の生活を背後から支えていました。

また、それは、人びとの定住生活がはじまって以降、何千年にもわたって物質面、環境面から村落の生活を支えつづけてきたばかりでなく、第一〇講でも見たように日本人の精神文化をもつくり上げてきたのです。画に描かれ歌や俳句に詠まれた花鳥風月の多くも、里山周辺のものが中心でした。日本人の原風景といってもいいもので、私なども民家の点在する昔ながらの里山風景を見ると、いまでも名状しがたい懐かしさがこみ上げてきます。「里山ブーム」も、都会人の癒しを求める心情にそれが応えるというところにもあるのでしょう。

西日本では、アカマツにコナラなどの雑木が混じり、東日本ではコナラ、クヌギを主体とした森林でした。アカマツは、実生による更新（下種更新という）で、コナラ、クヌギは切株からの萌芽更新で簡単に更新でき、一五〜二〇年間隔くらいで連続収穫できるのが特徴です。いずれも痩せ地でもよく育ち、薪炭などの燃料として利用できるばかりか、落ち葉は肥料としてもすぐれています。

日本全国いたるところの村落を取り巻いて人びとの生活を支えていたそれら里山の多くも、しかしながら、昭和三〇年代の燃料革命、肥料革命、プラスチック革命などによって急速に無用のものとなり、山村では拡大造林によってスギ・ヒノキの人工林に、都市近くでは宅地や工場、商業施設用地、さらにはゴルフ場にと転換されました。

こうしてかなりの面積が開発され、ほかの用途に転換されました。それでもまだ残っているところもかなりありますが、その多くは四〇年以上経たいま現在も用途を見失ったまま荒れるにまかされています。里山は、一方では「人の手が入りすぎる」ことに起因する開発という破壊と、もう一方では「人の手が入らない」ことに起因する崩壊という二重の危機の挟み撃ちに遭っているのです。

後者の放置された里山はいま、どんな状態になっているでしょうか。

里山となる以前の森に還っていっているのです。里山となった多くの林地は、もともと常緑広

写真7　遷移の進みつつある里山

写真8　手入れされた明るい雑木林

葉樹、つまりは照葉樹林だったと考えられています。日本国土の、人々が住んできた平地周辺のほとんどは暖温帯ですから、地域によって多少はちがいますが、シイ、カシ、タブなどの暗い森が広がっていたはずです。それが、縄文時代以降の人々の営みによって、アカマツや、コナラなどの陽樹中心の明るい林に遷移が逆戻りしてきたのです（アカマツは常緑樹ですが、手入れをされたその林はそれほど暗くならない）。

それが、人の干渉がなくなれば、遷移が進むのは当然です。そのとおり、いま里山は、縄文以前の暗い常緑樹の森に急速に還っていっています。アカマツは松食い虫で壊滅し、コナラ、クヌギなどの林も、林床にシイ、カシ、シロダモなどが侵入し、打ち負かされんばかりになっています。アカマツは松食い虫にやられなくても、林地が収奪されず肥沃化してくると、常緑樹に負ける運命にもあったのです。地球温暖化で、さらにもっと別の常緑の森に進みつつあるのかもしれません。西日本では、中国原産のモウソウチクが席巻しはじめています。

自然にまかせて遷移を進ませ極相林に戻せばいいではないか、それこそ人びとが手を加える前のその地本来の森ではないか、そういう考え方もあります。一部の専門家の間にも、そうした意見を支持する人たちもいます。

確かにそれもありうる意見ではあります。しかし、それにはさまざまな難点があります。すでに、そこには人が手を加えることによる独自の生態系ができているのですから、それに適応した多様な野生生物を保全するためにも、手を入れつづける必要があることは「生物多様性」のところでも述べたとおりです。さらに名勝などの景観維持という面からの里山二次林の維持の大事さについても、京都嵐山の事例でも触れました。

それらも「あってほしい」里山ですが、それにもまして、もっと身近なところで、これからの都市をとりまく環境として、里山の維持はますます重要になってくるのではないでしょうか。

常緑樹の森は、一年中あまり変化がなく、季節感に欠けている。中は暗く、森に入って遊ぶには、あまりふさわしくありません。またブッシュ化した森は、治安面からも懸念されています。最近、子どもたちへのいたずら、誘拐事件などが多発していますが、荒廃した里山環境は、その温床となる懸念もあります。

それに対して本来の里山の雑木林は明るく、春は新緑、夏は深い緑、秋は紅葉、冬は落葉と変化に富んでいます。また植動物の多様性も豊かです。自然がほとんど失われてしまった都市生活者の自然回復の場として、心身のリフレッシュの場として、その重要性は高まりこそすれ、減ることはないと思われます。

また、林床は明るく、林内の見通しも良好です。林内に入って気持ちがいいばかりでなく、治安上も、より安心です。ブッシュ化したいまの里山は、捨てやすいのか家庭ゴミや産業廃棄物の違法な捨て場と化していますが、そうしたこともなくなるでしょう。

なによりも、明るい里山景観は、私たち日本人の原風景です。それらが失われると日本人のアイデンティティそのものが失われてしまいます。地域の生活文化、ひいては日本文化の伝統を守るといった観点からも、里山の維持が望ましいこともあらためて強調しておかなければなりません。

この里山を維持するためにも、手を入れつづける、わかりやすくいえば「伐り」つづけなければならないのです。いやむしろ、これまでにもいいつづけてきたように、手を入れなければ、つまりは伐らなければ、もう里山は里山でなくなる、といったほうが適切かもしれません。

こうした里山の事情も含めて、「伐れば、森は守れる、地球は蘇る」と題して、「木を伐る」ことを通じた日本の森林の「持続可能な管理」について、考えてみましょう。

伐れば、森は守れる、地球は蘇る——「持続可能な森林管理」のために

これまでにもどこかで触れたように、現代の日本人、特に都市生活者の間には「自然環境の保

全＝原生自然の保護」という図式が色濃く刷りこまれており、森林などの自然環境に手を加える行為は、すべて自然破壊だとの認識が多いようです。七〇年代、いまよりもっと環境保護と林業が対立的にとらえられていた時代には、山の手入れや収穫に向かう林業従事者は、環境派から白い目で見られたほどでした。

あにはからんや、そうではなく「伐る」ことと「森を守る」こと、「地球環境を守る」ことは、むしろイコールといってもいいほどつながっています。

「伐って燃やせば、『森は守れる』」。これは林業ジャーナリスト・田中淳夫さんの本の題名ですが、なにも燃やしてしまえとまではいわなくても、木を伐り利用することが、「持続可能な森林管理」、ひいては今後の地球や私たちの生活にとって、ことの本質において重要といえるのです。

といっても、もちろん伐って森林を裸にするだけではダメなことはいうまでもありません。昔から林業の鉄則として「伐れば植える」が合言葉のように言い伝えられてきましたが、「植える」が人工更新の話であるとすれば、天然更新を含めていえば「伐れば更新させる」といい換えられますが、あくまで跡地をふたたび森林として更新させ、持続させることが大切なのです。それが「持続可能な森林管理」の大原則です。あるいは地球規模で森林が減りすぎた今日、単に持続更新させるだけでなく、植えて拡大させることが望ましいことはいうまでもありません。

そうした「伐れば更新する」を前提としたうえで、木を伐ることの必要性、それがもつ意味合いをここでもう一度、確認しておきましょう。

その意味合いにも、地域の問題から地球規模の問題までさまざまな次元のものがあります。まず地域的な問題として、今日の日本の林業のように、木を伐らなければ林業は復活しない、山村も復活しない、林業技術者もふえない、林業技術も伝承されない、その結果として森林を荒らし地域の水土保全も劣化させる、という悪循環におちいるという恐れがあります。

それがおもに人工林施業などの用材生産にかかわるものとすれば、第二の問題の里山も、伐られなければ、崩壊し、環境面、精神文化面、生物多様性面でさまざまなマイナスを地域に引き起こすことも、すでに触れたとおりです。

一方、地球規模の問題として、地球温暖化防止や循環型社会の実現といった二一世紀の最大のテーマのためにも「木を伐る」ことが必要なのです。そういった二一世紀の課題解決のためにも伐りつづけなければならない、という逆説的ともいえる事情があるのです。やや混み入った話になりますが、それは、次のような事情なのです。

植物が、大気中の二酸化炭素を吸収し有機物として固定することにより生長することは、いまさらいうまでもありません。しかし植物といえども生きものですから、有機物をつくるだけでなく、生きるためには自らつくったその有機物を呼吸によって燃やしてエネルギーを消費し、その結果として二酸化炭素を排出します。その吸収と排出の差を生長量として、二酸化炭素を森林に固定していくのです。樹木の一生は、その差がだんだんサチュレートして、やがて逆転して枯死していくというプロセスです。つまりは生長している間だけ二酸化炭素を吸収し、生長を止めた老木は、炭素の蓄積量（ストック）は大きいけれども、吸収量（フロー）はかぎりなくゼロに近いということになります。

このように単木でみても生長盛りの若い木でないと二酸化炭素の吸収は、つまり大気中の二酸化炭素を減らす効果はそれほど大きくはありません。二酸化炭素をたえず吸収させるためには、旺盛な生長の終わったあたりで伐って、更新させることがより有効なのです。ここに、「木を伐る」ことが、地球温暖化防止に有効であることの一つの根拠があります。

そしてこれは、単木だけではなく、その集合である森林として見ても同じです。いわゆる極相林、これは遷移をへて安定状態に達した森林ですが、そこでは樹木が吸収する二酸化炭素と放出するそれは釣り合っている、いいかえれば、二酸化炭素の吸収はしていません。

もちろん樹木は光合成をします。しかしそれのほぼ同じ量が、呼吸消費により、また枯れ枝、倒木や落ち葉となって林地にリターとして横たわり分解者によって分解されて、二酸化炭素となって森林から出て行っています。つまりは安定した極相林では、蓄積量は大きいとはいえ、吸収量はかぎりなくゼロに近い。単木と同じく、生長、すなわち蓄積量を拡大している森林だけが、二酸化炭素を減らしているのです。

要するに、大気中の二酸化炭素を減らすには、木を伐って若返りをさせることが必要なのです。もちろんその伐った木は、すぐに燃やしたり腐らせたりするのではなく、できるだけ長く利用することが大切だということはいうまでもありません。

といって、むやみに極相林を伐採して二次林にすることは、これまた避けなければならないことはいうまでもありません。二酸化炭素を吸収はしないが、大きな炭素の蓄積をもっている極相林を伐採することは、結果的には大量の二酸化炭素を大気に戻してしまうことになるからです。ことに化石燃料の大量使用により急激に濃度を増しつつある大気中の二酸化炭素を減らさなければならない当面の地球では、炭素貯留の大きな老齢林の維持と、一方ではその更新による若い森への誘導、あるいは、森林拡大による吸収固定の増大という欲張りな二面作戦、三面作戦が求められているのです。

こうして地球温暖化防止ということを考えたとき、やはり「伐って更新させる」という森林の持続的管理が特に必要になってきます。そしてもう一つ、針葉樹の人工林施業は、二酸化炭素吸収に、より有効といえる事情があります。

針葉樹のない熱帯林をのぞいて、一般に温帯や亜寒帯では針葉樹は生長量が大きく、北アメリカの針葉樹林は、地球上で最大の生長量と蓄積量を示しています。日本でも条件さえそろえばスギがもっとも生長が速く、広葉樹の一・五倍近い生長量、すなわち炭素固定のキャパシティをもっていると考えられています。

先にスギ、ヒノキなどの針葉樹は、自然状態では生態的適地＝ニッチとして広葉樹のあまり適さないところに生育しているといいましたが、それは、ほかの樹種との競争の結果、落ち着いた場所であり、いうならばしかたなく落ち着いた場所なのです。もしほかの広葉樹がいなければもっと適した生育場所があります。それを生理的適地＝ハビタットといいますが、人工林では、その適地に針葉樹を植え、ほかの植物を排除して占有することができます。この競争者を排除するのが、下刈りや除伐という管理作業であることはもうおわかりでしょう。

このように人工林では、もっとも適した場所にもっとも適した有用樹種の森林をつくることができます。このハビタットを選んで最適の樹種を植えることを「適地適木」といいますが、「沢スギ、尾根マツ、中ヒノキ」という林業格言は、これを指しています。こうして生理的適地、すなわち、最適地に生育のいい有用樹種を植えることで、人工林は天然林にくらべ、より効率的な材木生産ができるのです。また、生長がいいということは、用材の生産上からだけでなく、二酸化炭素の吸収という点からも望ましいことは、これもことさらいうまでもないでしょう。日本のスギも花粉症の原因として邪魔者扱いをされますが、二酸化炭素吸収ではおおいに貢献しているのです（適地に植えられ、適切に管理保育された生長のいいスギは、それほど花粉はつけない）。

以上は地球温暖化防止からの「伐れば植える」の意味合いですが、来たるべき循環型社会のためには、木を伐って利用することが必要であることも、これまたいうまでもないでしょう。木質バイオマスを物質資源として、エネルギー資源として活用するには、伐って更新させてまた伐ってと、循環させなければならないのです。伐採による木材収穫を本来の目的とする用材林はもちろんそうですが、一五〜二〇年周期で「伐る」ことでようやく生態系や景観が維持できる里山二次林は、バイオマスが循環利用できる、理想的な資源なのです。

森林生態学者・吉良竜夫さんも次のようにいいます。

「自然の保護、環境の保全、資源の永続性という点で、広葉樹二次林ほど理想的なバイオマス・エネルギーの利用方式は、ほかに類例をみない」（『森林の環境・森林と環境』七五頁）

しかし、用材林にせよ、里山にせよ、「伐る必要がある」ということと、「伐ることができる」ということはイコールではありません。

いまの日本の森林は、伐りたくても伐ることができない三重苦にあえいでいるのです。三重苦とは、これまでお話ししたところからもうおわかりのように、安い木材輸入により経済的に成り立たなくなった用材林、生活とのつながりを失って無用のものとなった里山、さらにそのどちらもあてはまりますが、伐る人のいない、担い手＝森林管理従事者の不足です。

それでは、三重苦を乗り超えて「伐りつづける」ため、すなわち日本の「持続的な森林管理」のためには、どのような取組みが要求されるのか、その点について考えておきましょう。

17 「伐りつづける」ためには、どうすればいいか？

前講では、森林の持続的管理の必要性、そうした視点からの日本の森林の現状について見てきました。この講では、その対策──「伐りつづける」ためには、どうすればいいかを考えてみましょう。

その①──用材林

バイオマスのところでも見たように、根本のところで、森林そのものやその産物にほんとうに価値が見出されなければ、「持続的な森林管理」は実を結びません。さまざまな林業振興策、山村振興策がつづけられてきましたが、いまだに深刻な事態から脱出できていないのは、そうした価値を見出し、実現できていないからです。日本の「持続的な森林管理」のためには、なにをどう考え、どうしていけばいいのでしょうか。

当然、見失った価値や意味をふたたび見出すことがスタートになります。これも、用材人工林と里山では問題の性格がちがうので、分けて考えてみましょう。

まず、用材林については、林業自体が、新しい時代に適応する努力をしていくことが必要なことはいうまでもありません。

これまでの日本林業は、スギ、ヒノキをはじめとする針葉樹人工林を中心に展開されてきました。しかし、それは、先にも見たようにきわめて手のかかる高コストのものになります。また森林面積の四〇パーセント強にも広がった人工林は、なかには「不適地不適木」で不成績林も少なくないといいます。

日本は、本来、広葉樹の生長に向いていることは先にも指摘しました。その広葉樹にも建築材として、それも柱、梁などの構造材だけではなく、内装や家具などの造作材として有用な多くの樹種があります。ケヤキ、ミズナラなどが代表ですが、最近ではブナも床材などとして見直されてきています。北海道のミズナラは、高級なオーク材としてかってはヨーロッパに輸出されていたほどです。そのほか、サクラ、マカンバ、カツラなどそれぞれ特徴をもった個性的な有用材も多くあります。

その広葉樹の有用材が、過去の拡大造林などにより少なくなっているばかりでなく、質的にも劣化しています。現在では、価格的にも国産のスギやヒノキ材よりも、多くの広葉樹材が高くなっています。林業自体が従来の固定観念から脱して、発想の転換や、新しい時代のニーズに対応した技術開発に努力しなければならないことはいうまでもありません。

大きな方向としては、あまりにも労働集約におちいっている日本林業の方向転換が必要です。

これからの慢性的な働き手不足のなかで、森林面積の四〇パーセント以上にも達した針葉樹人工林の手のかかる施業は不可能です。全国平均四〇パーセントということは、たとえば西日本の県では八〇パーセント近い人工林比率のところもありますからなおさらです。もっと自然の力を利用した、言葉は悪いけれども手抜きのできる林業が必要です。スギ、ヒノキ、カラマツの不成績地などでは、もう針葉樹用材としての当面の収穫をあきらめ、広葉樹の侵入にまかせて、より自然林に近い針広混交林への誘導も考えられます。

もちろんスギやヒノキに適した林地では、すぐれた材を生産する日本の伝統的な施業もつづけられるべきなのはいうまでもありません。それは林業の伝統技術を守るということからだけでなく、日本の風土に適したヒノキやスギ材を用いた和風建築の伝統文化を守るうえからも大切です。

理想的には、針葉樹適地の人工林と広葉樹中心の自然林がモザイク状に存在することが、経済的機能と、水土保全や生物多様性などの公益的機能との両立からも望まれます。

仮にそうした発想や林業技術の転換ができたとしても、成果が現れるのは早くとも数十年後です。また仮にそうなっても、日本の林業のグローバル市場経済下での生産性には限界があるかもしれません。すくなくとも転換の成果が現れるまでは、林業、ひいては山村を維持し、従事者を確保していかなければなりません。そのためには、やはり助成策が必要です。

一つの具体策は、農業などでもはじめられている直接支払い制度（所得補償制度）が考えられます。これまで条件不利地の農業を守るために関税による農産物の価格調整が用いられてきました。しかし、それも自由貿易体制の進展を目指すWTO体制のもとでむずかしくなってきました。そんなわけで関税に代わるものとしてデカップリング（直接支払い制度）がEU諸国などではじめられました。日本でも平成一二年度から中山間地の農業、農地を守るために一部スタートしました。

それはご承知のように、営農意欲のある農業主体に、ある基準にもとづいて直接援助をするものです。これと同じ制度を林業にも拡大するなども考えられます。

経済的理由から林業がすたれると多くの公益的機能の劣化が進みます。これを「市場の失敗」と先に呼びましたが、この直接支払い制度は、その市場の失敗を補完するという正当な理由があるのです。

それは決して弱者救済のお情けとしての助成といったとらえ方をしてはなりません。農業もそうですが、それ以上に森林には、多くの公益的機能があります。先に林野庁の試算七五兆円という数字を示しましたが、それが正しいかどうかはともかくとして、その価値をまずは国民（納税者）すべてが理解することが必要です。かつて林業が経済的に成り立っていた時代には、林業家の木材生産という経済的機能のおこぼれとして公益的機能を無償で与えてくれていたのです。これを「外部不経済効果」の反対で「外部経済効果」といいますが、それが許されなくなったいまでは、恩恵を受けている者がお返ししなければなりません。

財源が必要となりますが、環境税などの目的税も考えられます。化石資源使用への課税は、木材資源の相対的価格も改善させ、環境にやさしく循環可能な木材資源の利用拡大にもつながります。また、その財源を森林管理にまわせば、森林が健全になり、ひいては山村も元気になります。

写真9　スギ人工林での間伐作業
（筆者・茨城県、里川にて）

もう一つは、上下流一体という流域森林管理の考え方です。河川の下流に住む都市住民は、その河川が流れ出てくる上流の森林から直接、間接に、多くの恩恵をもらっています。水道の蛇口をひねれば出てくる水も上流の森林がつくったものですし、洪水や土砂流出といった危険から守られているのも森林のおかげによるところが大きいのです。今までのところ、これらさまざまな恩恵に対して正当な対価を支払っているとはいえません。下流都市は、悪くいえばただ乗りをしていたといわなければなりません。その恩恵になんらかの見返りをすべきです。

こうした見返りの動きが徐々にですが広まりつつあります。「買取り」、「分収育林」、「森づくり基金」「市民参加の森づくり―森林ボランティア」といったものですが、いずれも下流の都市が、窮地におちいっている上流の森林管理を資金面、実際の管理作業面でお手伝いしようというものです。「買取り」はいうまでもなく恩恵を受ける下流の自治体などが上流の森林を買取り、みずから管理を行うもの、「分収育林」は造林や管理の費用を下流が負担し管理保育を上流が担当して、収穫時に利益を分収するという制度、「森づくり基金」は下流自治体などが出資して基金をつくり森林管理に当てようとするもの、最後の「森林ボランティア」は下流の都市住民が作業面で直接、上流の森林保育のお手伝いをしようというものです。

すでに多くの流域で実際にこうした動きがはじまっています。いずれも、森林の価値を経済的機能だけでなく、むしろそれ以上に公益的機能を再評価し、「森林の持続的管理」をしていこうとするものといえます。

そうした動きの個々については紙数の関係もありくわしくは触れませんが、全国に広がりつつあり、なかでももっともユニークで先進的な事例は、高知県や神奈川県の取組みです。高知県は県民税一納税者あたり年間五〇〇円の「森林環境税」で、神奈川県は、水源涵養・保全のための「個人県民税の均等割と所得割に対する超過課税」で、広く薄く課税をし、その税源を直接、森林の維持管理に役立てようとしています。

すでに多くの有識者からも提言が相次いでいます。決定打はないとはいえ、要は国民すべてが森林を支えていくという覚悟が必要だという点では一致しています。

その②―里山林

次いで、里山林の「持続的管理」について考えていきましょう。

こちらについても、ほんとうに再生されるためには、無用となって放棄された里山の有用性や価値をどこにふたたび見出すか、それにかかっているといえます。ただの保全のための保全では、生きたものにならず、長続きはしません。ひと言でいえば、人々の「生活」とのなんらかの切り結びが、再度、とり戻されなければなりません。

有機農法や、ガーデニングの流行で堆肥の需要もふえ、その面での里山の落ち葉利用などは拡大しつつあるとはいえ、人びとが、燃料や、水田への刈敷き、牛馬の飼料調達先として全面的に依存した昔の薪炭林、農用林への完全復帰は現実的ではないでしょう。

また、先にも見たように、里山は、水土保全、生物多様性維持などの環境保全、地域の生活文化の存続にも大切との見方が市民権を得つつあります。しかしそうした見方が拡がりつつはあるものの、まだ充分ではないか、あるいは、タテマエとして浸透しつつあるとしてもそれが実際の維持、管理には結びついていません。だからこそ依然として里山は放置され、劣化が進みつつあるのです。

現代の私たちの生活にとっての里山の位置づけをどこに求めるべきなのでしょうか。

これからは私見になりますが、私は、「憩いの森」「学習の森」の続編的位置づけで、もっと大きく「人と自然の共生の場」として、そのための「公共財」としてとらえるべきだと考えています。

里山とは、人びとの定着生活がはじまって以来、自然との接点に位置してきたところです。その最前線だったのです。

日常の身辺から自然をなくし、自らの「内なる自然」も壊してしまった現代人に、その自然との交流、交感の場として、もう一度、里山を位置づけなおすべきだと思うのです。自然回復の場として、レクリエーションの場として、健康増進の場として、環境を学ぶ場として。

そうした「人と自然の共生の場」としての里山は、やはり別講でも述べたように、四季の変化に富み、生物多様性も豊かで、明るくなければなりません。「伐られつづけ」られなければ、つまり維持、管理されなければなりません。

もちろん、いま生産活動や生活そのものとの関係を失っている里山すべてを維持、管理していくことはもはや無理かもしれません。一部アクセスの悪いところなど遷移にまかせ原生の森に帰らせるのも仕方ないかもしれません。また、それはそれで自然の多様性を増すことになるかもしれません。しかし環境保全、景観保全、生物多様性保全、里山文化の保全といったさまざまな意味からも、できるだけ多くの里山を里山として残したいものです。

そして、その里山として残すべきところは、公共財、すなわち「公」的、「共」的な財産として国民みんなで管理していくべきだと思うのです。

多くの里山は、「私」有財です。そして昭和三〇年代以降、無用物となった里山は価値を生まないだけでなく、固定資産税、相続税の対象となって所有者にとってむしろ重荷になっています。ですから手放すことになり、開発にさらされやすいのです。また、価値を生まないものをわざわざ手入れする手間も費用もなく、放置されています。ここにこそ「私（経済）」と「公共益」との矛盾、すなわち、外部不経済がひそみ、公的、共的な支援を必要としています。

用材林には、それでもまだ木材生産という「私（経済）」の領域が多少とも残っています。しかし里山はそれにもあまり期待できません。であれば、用材林は、国民が「間接的に支える」ことで済むかもしれませんが、こちらの里山は、「公共財」として直接管理を必要とします。

端的にいえば、「公」的な直接管理とは税金による支援です。固定資産税、相続税の減免や、公的所有としてしまう買取り、維持・管理への財政的援助です。一部の自治体では少しはなされつつありますが、まだ充分ではありません。

「公」的な直接支援とは、いい換えれば里山管理を「公共事業」として位置づけることだともいえます。これまでのコンクリート固めのハコモノをやめて、こうしたソフトな公共事業に重点を移すことこそ二一世紀の公共事業だと思いますが、いかがでしょうか。

しかし国も地方自治体もあわせて一〇〇〇兆円近い累積債務に苦しみ、あまり期待はできません。お金だけに頼るのではなく、みんなでお金のかからないアイデアも出さなくてはなりません。たとえば、小・中・高・大学すべてにレベルに応じて、学習プログラムのなかに里山の維持・管理を義務づけるなどどうでしょうか。各地で芝生と遊具の人工的な都市公園がつくられていますが、自然を生かした里山自体をもっともっと公園として活用するなどもどうでしょうか。

しかし、ますます進む財政逼迫化のなかで、「公」はあまり期待できないかもしれません。そこで「市民参加の森づくり」―「共」が注目されてきます。

「共」とは、個人や団体の自発的、奉仕的な活動の領域といえますが、こうした「共」の森林管理として「森林ボランティア」や、荒廃の危機にある林地を国民市民や団体が自発的に基金を出し合って買取り、保全する「ナショナル・トラスト」（所沢狭山「トトロの森」のような）などが挙げられます。ここではその中心に、「市民参加の森づくり―森林ボランティア」を位置づけて見ていきたいと思います。

用材林にも森林ボランティア活動の動きはありますが、これは用材という「製品」をつくるプロの技術を必要とします。特に間伐、枝打ちといった作業は高度な技術を要し、いいかげんな技術では製品を台無しにしてしまう恐れもあります。また奥山で急斜面などの作業も多く、危険もあります。ですから、実際的にはこの領域での森林ボランティアは実働部隊というよりも、健全な森づくりの支援に向けた都市住民への普及啓蒙的な活動として位置づけられるものと思われます。

けれども、里山の維持・管理の領域では実働部隊として、より大きな可能性があります。それは、製品としての収材を目指さないこと、萌芽更新や実生更新といった、より自然の力を利用した素人にも取り組みやすい森林管理であること、などからです。

この領域での森林ボランティアはもちろん里山の整備が主目的ですが、余禄もはかりしれません。その活動自体が、自然回復の場、レクリエーションの場、健康増進の場、体験・生涯学習の場となるのです。子どもたちを含めてあらゆる年代の人びとの「内なる自然」回復の場として最適です。もちろん危険もともないます。しっかりとした指導者が必要です。森林インストラクターも各地で指導者として活躍しています。

作業したあとのオムスビが美味しいだけでなく、自分たちで手入れをしたことによって明るい森になり、翌年以降にはさまざまな生きものたち、林床植物や昆虫、小鳥などが目に見えてふえてきて、その達成感、喜びは何物にも代えられません。私たちのフィールドでも、スミレ類、ヤマユリ、キキョウ、リンドウもふえ、低木ではヤマツツジが花を華麗に咲かせ、蝶の舞、小鳥たちのさえずりも多くなりました。

「人と自然の共生の場」をとりもどす作業自体が、「人と自然の共生の場」となる。なんとも好都合で、うれしい話ではないでしょうか。

「共」を「公」が支援するケースも多くなっています。財政逼迫から「公」だけでは支えきれなくなって「共」に期待を示しているものと思われます。林野庁や各種自治体でも森林ボランティア支援室のようなものを備え、一部費用援助を行ったり、あるいは市町村長が仲介してボランティア団体と林地所有者に協定を結ばせ、活動フィールドを仲介したりといったこともすでに行われています。

写真10　除伐と後かたづけ（筆者）

このようなこともあって、平成一五年時点で一一六五もの団体が全国で活動しています。その動きをもっともっと本物にしていくことが望まれていますが、そのためには、繰り返しになりますが、里山をこれからの時代の「公共財」としてしっかりと位置づけていくこと、国民すべてにそうした理解の共有がはかられなければならないことを再度、強調しておきたいと思います。

しかし、里山がほんとうに復活、再生するのは、バイオマス社会が実現され、木質バイオマスが活用されたとき、すなわち里山が循環的に伐られて、その生産力そのものが活かされるときでしかないかもしれません。それは、吉良竜夫さんが指摘しているように、里山二次林が、いわば理想的な持続可能なエネルギー作物として生き返るということです。

そうなれば、ボランティア、公的支援などと、わざわざ努力を払わなくとも、昔のように里山が里山として経済的理由からも自ずと持続していくはずなのです。

私たちの森林ボランティアでも、エゴノキ、リョウブ、アオハダ、アカマツ、カシ類などの大量の除伐材が出ますが、それらは一部の人に趣味的に炭に焼かれるものをのぞいて大半は林地で腐るにまかされます。

いまは参加者が参加料を払って森の除伐や下刈り、間伐、枝打ちを行っていますが、腐って二酸化炭素として大気に帰っていくだけのそれらが、もっとバイオマス資源として発電などに利用されて多少とも収入になり、逆に参加者の日当にでもなれば、あるいは日当にならなくとも自分たちの活動がもっともっと意味づけできるものになれば、やりがいも何倍にも増し、とりあえずのボランティア活動もいっそう活性化するのではないでしょうか。

18 木材の不思議——木は鉄より強い

前の二つの講座は話が入り組んでしまいました。それも、問題の質がそれだけ根深く幅広かったからといったら言い訳になるでしょうか。

森をめぐる道行きも、これで、山登りにたとえれば八合目、九合目あたりの胸突き八丁を越えました。

前講までに述べてきた「森林の持続的管理」のためにも、木材が利用されなければなりません。これからは、木材の利用のススメをしておきましょう。

その前に木材の秘密です。

木と草はどうちがう？

約四・五億年前、コケやシダとして上陸した植物は、やがて木質化し、木本植物＝樹木となっていきました。葉をできるだけ高くもち上げて太陽に近づくべく、木は自らの体を支えるために強くなったのです。ときには高さ一〇〇メートルを超え、重さ二〇〇〇トンを超える体を支えるほどになりました。

ところで、場合によっては何千年にもわたって生育し、二〇〇〇トンにもなる木と、せいぜい一〜二年で生長をやめ、枯れてしまう草のちがいはどこにあるのでしょうか。

それは、形成層と呼ばれるものがあるか否かによります。木には、外側に樹皮が内側に木材部分があることはだれでも知っていると思いますが、その間に秘密があるのです。そこに形成層という細胞分裂組織があり、内側に木材細胞を、外側に樹皮細胞をつくっていくのです。春から夏にかけてはさかんに分裂し、秋から冬には徐々に活動をダウンさせていきます（落葉樹ではまったく休止する）。春から夏につくり出され、蓄積された部分は「早材」と呼ばれ、細胞の径が大きく壁が薄く、反対に秋から冬に蓄積された部分は「晩材」と呼ばれ、構造もその反対です。それが年輪となることはもうおわかりでしょう。年輪の濃淡の色の薄い部分が早材で、濃い部分が晩材です。その濃淡のセットが一年分ですが、季節変化があまりない熱帯の樹木には年輪ができないこともそれで納得できるでしょう。

この形成層が木全体を莢のように包んで内に木質細胞をためながら、外に樹皮細胞をつくっていくため、木は外側に外側にと、つまり上に下に横にと三次元に肥大生長していくのです。その形成層が内側につくり出していく堅い木質部分が、木材となっていきますが、それは、驚くべき構造の秘密をもっています。

その秘密の話の前に余談になりますが、タケは、木でしょうか、草でしょうか。タケは堅い木質で、何年何十年も生きながら、生長するのはタケノコ時のせいぜい一カ月程度の短期間だけで、それが終わればその稈《かん》（茎）はそれ以上もう大きくなりません。そう、タケは形成層がなく肥大生長をしないから、厳密には木でもない、かといって木質で多年生だから草でもない、というほかありません。図鑑では樹木図鑑に入れられていますが、それは便宜的に入れられているだけなのです。

話を戻して木材の構造ですが、その秘密を知れば知るほど神業としか思えなくなります。

神の業《わざ》? 最少の材料で最大の強さ

木材が細胞でできていることは、ほとんどの人は知っているでしょう。長さが径の数十倍から百倍近い細長い形の繊維細胞でできています。最初は生きていますが、やがて死んで中空の細胞になっています。だから生きている木でも、生きている細胞は形成層に近いところだけで、ほとんどは死んだものなのです。といっても死んでも腐るわけではなく、かえって細胞壁などが補強されて木材としては強くなっています。

さて、その細胞のなかのもっとミクロを顕微鏡の眼で見てみましょう。

木材の細胞は、もちろんその材料の中心が、光合成の産物、炭水化物です。そしてその細胞の壁は、高分子化セルロースが撚り合わさった繊維束（ミクロフィブリル）でできています。その

壁の構造が神業としか思えません

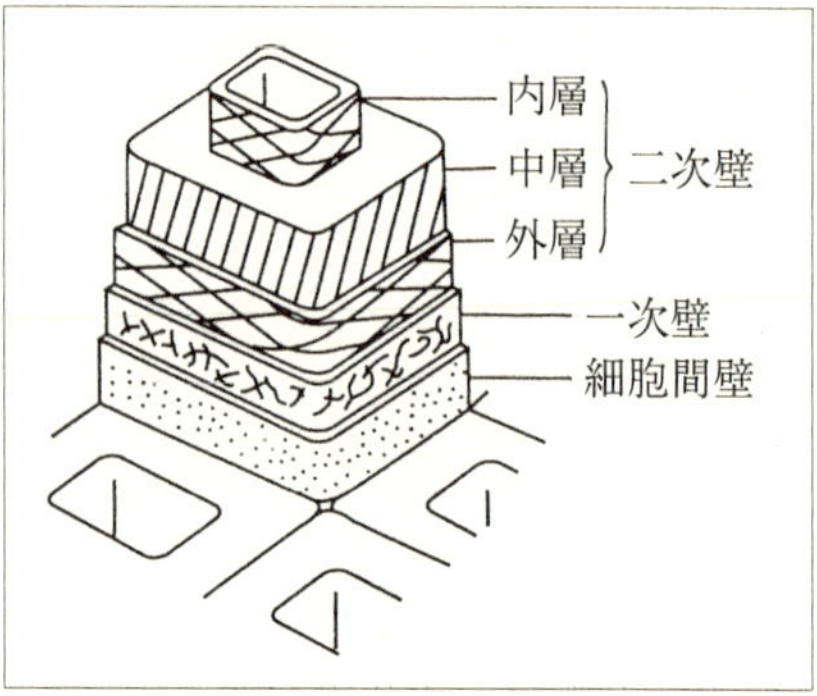

図3　木材細胞の構造（模式図）（（社）日本木材加工技術協会関西支部編『木材の基礎科学』海青社、1992より）

図3がその細胞壁の模式図です。

大きくは、一次壁と二次壁の二重に、そして二次壁が外層、中層、内層の三層を成しています。合計四つの層となった細胞壁は、複雑な構成をもっています。最内層の繊維はヨコ、次が基本的にはタテでややねじれるように、その外側がまたヨコ、そして最外層が全体を締めつけるように網目になっています。特に内から二層目、二次壁中層の繊維がタテ状にもっとも厚くならんでいるために垂直の力に対して強くなっています。

後にも触れるようにこれらの木材の構造は、少ない材料で、強い構造体をつくるうえで力学的に理想的だと考えられています。

このセルロースの束を、ヘミセルロース、リグニンといった、いずれも高分子の物質で塗り固めています。コンクリートにたとえれば、セルロースが鉄筋、ヘミセルロースが鉄筋を結ぶ針金、リグニンが生コンにあたります。その巧みは実に几帳面で、立木は、震度がいくらになろうと倒壊するような、鉄筋減らしの「強度偽装」はしません。地震や風雪で樹木自体がつぶれたという話は聞いたことがありません。

このような樹木自身の工夫から「軽くて強い」という木材の最大の特徴が生れてきました。その強さは、驚くなかれタテ方向の圧縮や引っ張りの力に対して、なんと鉄よりも強いのです。もちろん同じ断面積の場合はたしかに鉄のほうが強いのですが、たとえばヒノキの同じ重量あたりの圧縮強さ（比強度という）は鉄の一・五倍にも達しています。

もう一度おさらいで、その驚くべき強さの秘密をまとめてみますと、繊維自体の強さ、それが重層化された壁、中空のハニカム構造、そして何よりも、ミクロフィブリルがらせん状に並んだ壁の構造にあります。このらせん状の構造を「ヘリカルワインディング（ねじり）構造」といいますが、ロープやワイヤーが束ねられねじられて強くなるのと同じで、力学的にきわめてすぐれた構造だといいます。

軽くて（少ない材料で）強い構造体をつくろうとすれば、どうしても木材の造りに近い構造になると専門家はいいます。それはロケットのボディーなどにも用いられているばかりか、カーボンファイバー製の釣竿やゴルフクラブのシャフトなども、それをヒントにして生み出されたといわれています。

この神業としか思えない奇跡、これもほかの自然への驚きと同じく何億年という「時間」がつくり上げてきたものです。樹木たちは、葉をできるだけ高くもち上げたいという一心から、長い時間をかけた結果としてこのような高度な工夫をしてきました。しかもおよそ「強さ」とは無関係の水と二酸化炭素という、ありふれた液体と気体からこんな強い構造体をつくり上げたのです。その業に感嘆措くあたわずと言わずしてなんと言えるでしょう。

19 木の家のメリット

このように「軽くて強く」、しかも削ったり、釘を打ったりと、細工もしやすい木材は建築材として最適です。

そればかりではありません。木材は、そのほかのさまざまな材料としてのすぐれた性質をもっています。特に人間にやさしいという点から、建築材料としての木材の良さが再認識されてきています。

また地球温暖化防止にも、木を伐り、建築物として長く使用することが大切であることは、既述のとおりです。そして、とりわけ国産材の利用を広げていくことが日本の林業の復活に直接寄与するなども含めて、木材の利用拡大は、現代社会のさまざまな問題の解決につながる可能性があります。

そうした意味もこめ「木の家のメリット」と題して、この講では、木材使用のススメをしておきましょう。

平成一五年度の『森林・林業白書』では「新たな『木の時代』をめざして」というスローガンのもと、そうした木材素材がもたらすメリットを、総合的に「①エコ・マテリアル」「②ケア・マテリアル」「③ファイン・マテリアル」「④スロー・マテリアル」「⑤マイ・マテリアル」といった五つにまとめています。またその後も農林水産省は、継続的に「木づかい運動」と称し「木材使用のススメ」を展開しています。プロ野球マスターズリーグ（議長・大沢啓二「親分」）を「木づかい応援団」のイメージ・キャラクターに起用してＰＲに努めています。

その五つの切り口を参考に、木材のもつ素晴らしい可能性について、ここでは私なりの順番と理解でお話していきましょう。

健康で快適な癒しの空間を提供する「ケア・マテリアル（健康素材）」

木材が素材としてもたらす特徴を挙げるとき、まず何よりもそれが、先に見たように繊維細胞でできているというところから出発すべきでしょう。そこからさまざまなメリットが生れてきます。

すなわち「熱を伝えにくい」、「湿気を調整する」、「ショックを和らげる」、「光をマイルドにする」といった性質が生れ、人間にとってありがたいメリットをもたらしてくれます。

まず「熱を伝えにくい」というのはもっともわかりやすいでしょう。綿や麻を考えてもわかるように、もともと植物繊維は金属などとくらべると、圧倒的に熱は伝えないのですが、それに加えて木材は中空ハニカム構造のため空気をふんだんにかかえこんでいます。この空気は、身近な物質のなかでいちばん熱を伝えにくいといえるものです。魔法瓶の内瓶と外瓶の間に空気層がもうけられていることでもわかるでしょう。水（一・〇）を基準とした三者の熱伝導率を比較すると、木材〇・四、空気〇・〇四、鉄一〇六という値で、空気は木材の十分の一、鉄に対しては数千分の一です。

この木材の「熱を伝えにくい」という特性は、住居環境などを通じて私たちにさまざまな利便をもたらします。断熱効果が大きいことから冷暖房効果があがるだけでなく、窓枠などに使っても結露を生じない。肌が触れても金属やコンクリートのように冷たく感じることもありません。

次いで、「湿気を調整する」働き。いったん乾燥した木材は、空気中の湿度が高ければ湿気をとりこみ、空気が乾いていれば放出して常にバランスを保とうとする性質があります。このため木造建築は、湿度が適当に保たれて快適で、日本のように湿潤な気候には向いているのです。

次の「ショックを和らげる」。たとえばバレーボールやバスケットボールのコートの床が、コンクリートでつくられるなど想像できるでしょうか。室内競技のコートや体育館などの床には一般に木製フローリングが使われます。これも柔軟な植物繊維と中空の木材がたわんだり、表面の細胞がつぶれて、衝撃を吸収するという性質があるからです。木製フローリングは、膝や足首にやさしく、怪我をしにくいのです。

最後の「光をマイルドにする」。木は短い波長の紫外線を吸収し、長い波長の赤外線のほうをおもに反射します。木材が橙や黄を中心とした暖色系に見えるのは、そうしたことがあるからです。加えて細胞の切断された表面の凹凸によって光が乱反射するため、いっそうマイルドになります。「目にやさしい」のは、こうした特性のおかげなのです。

ついでにいえば、光だけではありません。高周波音を吸収し音もまろやかになります。楽器の共鳴板に木材が多く使われるのをみてもわかります。ちなみにバイオリンなどの弦楽器には、エゾマツ、イタヤカエデなどの材が使われます。

また、これらの性質が総合されて「肌触りのよさ」をもたらしてくれます。適度に変形する弾力性がある、表面に細胞の切断されたミクロな凹凸があり触感にやさしい、湿気を吸い取ってくれるためベタつくことがない、熱伝導率が低いため冷たさや熱さを感じにくいといった諸々の性質が総合されるのです。道具類の柄という柄が木でできていることからみてもわかります。それらが金属でできていることを想像してみれば、木のありがたさがわかるでしょう。玩具などももっともっと木製のものが見直されてしかるべきです。

これまでは細胞の成り立ちや中空構造といった、どちらかといえば物理的作用がもたらしてくれるメリットでしたが、木材のもつ化学的作用にもありがたいものがあります。

新建材のホルムアルデヒドなどによるシックハウス症候群が大きな問題になっていますが、無垢の木材はそれをおこさないだけではなく、「フィトンチッド」のところでもお話しした植物のもつ化学物質は、木材として使ったときでも「木の香り」とともに、ダニ防止、カビ防止といった、快適な環境をもたらしてくれます。

防ダニにはヒノキ、サワラ、スギが、防虫にはクスノキ、ヒバ、抗菌にはヒノキ、ヒバなどが効果的だとされています。これらは、生魚にサワラやヒノキの葉が敷かれ、タンスのなかにクスノキの葉が入れられるなど、経験的にも知られていましたが、科学的実験でも確かめられています。ダニやカビがはびこらないことが、また、アトピーなどアレルギーを起こさないといった良循環になり、さらに快適環境につながります。

このように、木材は、掛け値なしで「健康で快適な癒しの空間を提供する『ケア・マテリアル（健康素材）』」といえるのです。

意匠性の高い空間をつくり出す「ファイン・マテリアル（優美素材）」

木材は色が基本的に暖色で暖かくて柔らかく、心の安らぎをもたらしてくれますが、それだけでなく、材質自体が巧みな意匠性をもっています。

木材は、幹をヨコに切れば年輪の同心円模様、タテに年輪の中心を通るように挽《ひ》けば（半径方向）直線平行線状の柾目、また中心を外して年輪の接線になるように挽けば（接線方向）山型の曲線状の板目模様が現われます。しかもその線は、無機質な円や直線や山型ではなく、微妙な〝ゆらぎ〟をもっています。それは、樹木の生長がその年の気候や周囲の環境の影響をうけて微妙に変化することから、巧まざる年輪の造形をもっているからです。

また、老木になれば樹種によって美しい工芸的な模様、杢《もく》が現われることもあります。日本では古来から、玉杢―ケヤキ、クスノキ、ぼたん杢―ケヤキ、クワ、鳥眼杢―カエデ、虎斑《とらふ》杢―ミズナラといったものが喜ばれてきました。

樹種のちがいばかりか、同じ樹種でも育った環境と年齢がちがえば千差万別、どれといって同一のものはなく、意匠も風合いもさまざまです。一般に使われている木材は、広葉樹、針葉樹それぞれ五〇種類くらいで、育つ樹種の多さを反映して変化に富んでいます。日本では昔から、材質やそうした見栄えのちがいを生かして、「適材適所」で、さまざまな木材が使われて来ました。

柱や梁《はり》にはヒノキやスギ、廊下にはヒノキやアカマツの縁甲板、天井にはスギ板といった使い分けはその一例でしょう。その他、特殊な適材適所では、床柱に北山スギやエンジュ、リョウブ、敷居や炉縁にヤマザクラ、床板にケヤキなどときめこまかく使い分けられていました。

ここにも、樹種の多い植生から生れた日本の「木の文化」の一端があります。そうした環境に恵まれていたために、日本人には木に対する愛着、鋭い感受性が養われてきたのでしょう。伝統を大切にしたいものです。

特殊な茶室などの数奇屋風をのぞいて、昔からどちらかといえば、柱などの見える構造材も内装材も無節のものが好まれてきましたが、最近では、むしろ節の多い腰板などが一般の住宅や公共建築物などでも喜ばれる傾向があるようです。

コンクリートや新建材の無機質な空間の多いなかで、このように暖かく変化に富み、同じものが二つとない、自然がつくり上げた巧まざる造形が、あらためて「癒し」を求める時代のファイン・マテリアル（優美素材）として見直されてきているのではないでしょうか。

環境への負荷の小さい「エコ・マテリアル（環境素材）」

すでに木材が、二酸化炭素を吸収する、分解が容易で有毒廃棄物を出さないといった環境にやさしい素材であることは何度も触れましたが、それだけでなく、建築材に使うときでも、材料加工にエネルギーを使用しない、そういった面でも環境にやさしいエコ・マテリアルなのです。

木材は鉄などにくらべ格段に少ないエネルギーで材料加工が可能です。木材も建築材として使用するまでに伐採、搬出、人工乾燥、製材などにエネルギーが使われますが、その炭素換算のエネルギー量は、鉄や、電気の缶詰といわれるアルミとはケタがちがうのです。材料生産に消費されるエネルギー量を「製造時炭素放出量」といいますが、ある計算では、木材に対して鋼材で二二倍、電気の缶詰といわれるアルミニュームでは二七〇倍にも達しています。

またバイオマスのところでも述べたように、日本全国に産する木材は地産地消が可能です。国産材を使用すれば、ほかの鉄やアルミなどのようにその原材料が日本にはない建材とくらべて建築現場まで運んでくる「輸送時炭素排出量（私の造語）」も雲泥の差です。

しかし日本では、その木材も世界中いたるところ、地球の裏側からも運んできています。重い木材の輸送には多大のエネルギーを要します。使用する木材の量とそれが山地から運ばれてくる輸送距離を乗じたものを「ウッド・マイレージ」といいますが、八〇パーセントあまりを地球のあちこちから運んでくる日本のそれは、アメリカの四倍、ドイツの二〇倍といわれています。

国産材を使用しさえすれば、製造時の小ささと相まって、この面でも環境への負荷が小さく、地球温暖化防止など地球環境にやさしいのです。

風土や文化と深く関わり合い、
特色ある地域社会づくりに貢献する「スロー・マテリアル（風土素材）」

もうずいぶん前から、食生活の世界で「スローフード」ということがさかんに言われるようになっています。それは、一般的にはハンバーガーやフライドチキンなどの「ファーストフード」をやめて、もう少しは手のかかった食事をゆっくり楽しもう、といった意味に取られがちですが、その背景にはもっと深い意味がこめられています。

グローバリズムで均一になっていく世界、それは地域（地方）の個性や伝統文化を駆逐しがちです。食文化についても同じです。グローバルな「ファーストフード」チェーンのおかげで、地域の豊かな食文化が廃れていく。いきおいそれは食材を産みだす産業も廃れさせていくことになります。スローフード運動は、そうした趨勢を押しとどめ、バラエティに富んだ地域の食文化、ひいては農業や漁業など食材産業を守ろうという、反グローバリズムの動きでもあるのです。均一化をもたらすグローバリズムを押しとどめ、地域社会の多様性を守ろうという運動でもあるのです。

この「スローフード」の考え方が、木材使用にもあてはまることは、もうおわかりでしょう。世界から集めたのではない、地産地消の木材を使用する、それは、「風土や文化と深く関わり合い、特色ある地域社会づくり」に貢献することになります。すでに「ファイン・マテリアル」のところでも見たように、日本は豊かな植生を反映して地方の風土と関わりあった「木の文化」をもっています。またその地で育った木材は、その地域の風土に合っているため、より長持ちするともいいます。

「スロー・マテリアル（風土素材）」である国産材を使用することにより、地域の個性を守り、特色ある地域づくりに貢献できるのです。

わが国の森林から生産された木材を利用することにより、森林の整備・保全に資する「マイ・マテリアル（自己素材）」

国産材の利用の拡大は林業生産活動をうながし、公益的機能にもすぐれた森林整備につながることは、すでにくわしく触れましたので、ここではもうくどくは言いません。

いま日本の木材資源は伐るに伐れなくて、年間八〇〇〇万立方メートル近く蓄積量を増加させています。これは日本の年間使用量およそ一億立方メートルの約八割にもあたります。いままでも約二割は自給しているのですから年間増加分を伐れば資源を減らすことなく、年間使用量は自己調達できるのです。日本のほかの資源で、自前でこれだけまかなえるものはほかにありません。まさに木材はマイ・マテリアル（自己資源）でまかなえる数少ない資源の一つなのです。

それが利用されていません。利用すれば、森林の整備・保全にも資する「マイ・マテリアル（自己素材）」、もっともっと利用したいものです。

こまごまと見てきたように、さまざまなすぐれた特徴をもつ木材です。私たち消費者としても、もっともっと国産材の「木づかい」に気づかいをして、日本の林業の再生に少しでも協力していこうではありませんか。

それが、地域のみならず地球の環境保全にも役立つのですから、こんないいことはないのではないでしょうか。

20 火の魔術――木炭の摩訶不思議

炭わずか一グラムの孔の総表面積は二〇〇畳、活性炭ではなんと六〇〇畳

木材に触れれば、その産物、木炭についても触れないわけにはいきません。木材も、知れば知るほど驚きが増してくるのですが、その木材に熱を加えた木炭、これにも驚くべき秘密が潜んでいます。

昭和三〇年代まで、どの家庭でも一般に見られた木炭、もういまや見かけることも少なくなりました。しかしその木炭が、また「二一世紀の新しい素材」として、静かに復権をはじめています。その材料としての秘められた特徴が、新しい時代のニーズに応えるものを数多くもっているからです。

焼き物（陶器、磁器）は「火がつくり出す魔術」といわれますが、木炭も「魔術」ぶりでは焼き物に劣りません。

それは、まずは焼く温度によって、性質の変わった炭ができあがるというところにあります。八〇〇℃くらいまでの低い温度で焼き、そのまま自然消火すると黒炭、八〇〇～一二〇〇℃の高温で焼き急速消火すると白炭になります。黒炭は、ふつうのバーベキューなどに使う火つきがよ

い普通炭で、白炭は、プロの鰻屋さんがかば焼きなどで使う、安定した高温が得られ、火持ちのいい高級炭です。ウバメガシを焼いた備長炭が有名です。

火の魔術ぶりはそればかりではありません。さらに温度を上げていくと、もうこれから先は「木炭」とはいわないかもしれませんが、結晶化が進んだ「石墨」というものに変わり、さらに二〇〇〇℃くらいで超高圧下におくとなんと人造ダイヤモンドになるといいます。

それだけではありません。焼く温度によって化学的・物理的性質も大きく変わるのです。四〇〇℃くらいまでで焼いた炭は微酸性、一〇〇〇℃ではアルカリ性、また、電気を通す性質でも五〇〇℃の黒炭は電気を通さない絶縁体、五〇〇〜一〇〇〇℃は半導体、一〇〇〇℃以上は電導体といったように、「火の魔術」により炭は変幻自在です。

このように、その焼き方によって、燃料としての用途、化学的・物理的性質、電導性といった点でさまざまなちがった性質をもった材料を生み出すことができるのです。

それに輪をかけた魔術ぶりは、その多孔構造です。驚いてはいけません。内部の孔隙の面積を合計すると一グラムあたりなんと三〇〇〜四〇〇平方メートルといいます。さらにある処理をほどこした活性炭ではそれが八〇〇〜一二〇〇平方メートルという値になります。炭一グラムといえばほんのピーナッツ一個くらいのかけらですが、それが二〇〇〜六〇〇畳の内部表面積をもつというのですから驚きです。嘘のようなほんとうの話です。しかも、その孔隙は、炭を焼く過程で木材に含まれた水分や物質がガスとなって外に出ていった跡ですから縦横無尽に走っており、すべて外につながっているのです。これももとをただせば、前講で見た中空細胞の無数の集合体という木材の構造からきているのでしょう。

こうした変幻自在な木炭は、旧来のバイオマス燃料としてだけでなく、その活用範囲は驚異的です。多孔構造や、もろもろの科学的・物理的性質が、水質浄化、空気清浄化、調湿・消臭、減農薬・減化学肥料農法、電磁波遮蔽、医薬品添加といった「新しい用途」を生み出しています。

万能吸着性物質―湿気をとる、空気をきれいにする、水をきれいにする、土壌を改良する

まずは、無数の大小の孔隙と、その広い表面積が生み出す吸着力、そこから見ていきましょう。

木炭が防湿や消臭、防腐、水質浄化に有効であることは、古来から経験的によく知られていました。生活のなかでもそうした目的で使われていましたが、棺のまわりに敷いたり、経典の保存といった特殊な目的でも使われていました。

中国で一九七二年、約二〇〇〇年前の馬王堆《まおうたい》古墳が発見されましたが、そこで出土した女性の遺体はまだ弾力性が残っており、学者に「死後四日の状態を保っている」と言わしめたほどだったということです。その墓の周囲には五トンもの木炭が埋められていました。古代の中国人たちも、木炭のすぐれた防腐作用を知っていました。

その吸着力の科学的理由がだんだんと明らかになってきました。

その総面積を足すと一グラムで何百畳の広さにもなり、すべての孔隙が外につながる多孔質構造であり、しかもその孔隙が目に見えるものからナノ単位（一メートルの九乗分の一）まで無数の大きさをもつ木炭は、湿気や空中、水中のさまざまな大きさの不純物質の粒子を吸着します。またその孔隙や表面積が浮遊する粒子をとらえるだけでなく、その孔隙が多様な微生物の格好の住み処となり、その微生物の分解力が、匂いの成分や、有害な化学物質を分解してきれいにしてくれるのです。

吸着性という性質が、室内の調湿、床下防湿、河川浄化、飲み水浄化、さらには土壌改良といった効能をもたらすのです。

冷蔵庫の消臭剤や、浄水器などで使われているのはよくご存知でしょうが、その他、炊飯器に入れたり、風呂に入れたりとグルメやアメニティ向上のために身近なところでも使われはじめています。汚水処理槽や、河川に敷き詰めてきれいな水をとり戻すといった環境改善面での事例なども多くなっています。

土壌中では、木炭の孔隙による通気性、水もち水はけの向上と、菌根菌や窒素固定菌の繁殖とがあいまって、植物の生長に好条件をもたらします。粉炭を土壌に投入したイチゴ、トマト、メロン栽培では、肥料を少なくしても甘味が増し、外皮が固くなるため輸送中の傷みが少なく、商品価値が上がるという明らかな結果が現れています。化学肥料や農薬の多投入農法におちいった現代農業の減農薬・減化学肥料化といった観点から注目されているのです。

工業原料から、アメニティ、安全まで

吸着性が炭の主要な働きですが、先に触れたように、その焼き方によって、炭はさまざまな、異なった科学的・物理的性質をもった材料を生み出すことができます。この多様な性質がまた、二一世紀の工業資材、環境資材、生活資材、健康資材として多様な用途の可能性をひらいています。

まずはきわめて純度の高い炭素ということで、酸素を奪いやすく、還元剤としてこれまでも製鉄などの金属精錬に使われてきましたが、この性質を利用してそのほか多くの工業原料として使われています。また、その電導性ということから、電極用材料や電流アースなどに使われています。

木炭粉を混入した化粧品なども、これらの化学的・物理的特性を利用したものです。炭の微細な粒子がこまかいところまで侵入し、脂肪酸や角質、皮質を除去することをねらったもので、今後も同様の製品が多くなってくるものと思われます。

木炭を使った寝具なども人気を集めています。遠赤外線効果を期待していますし、また、マイナス・イオンを増加させるともいわれています。

最後に、現代的な課題に対する木炭の働きで注目されているのは、電磁波遮断効果です。携帯

電話の普及で電磁波の人体への影響が心配されていますが、それ以外でも医療機器などのエレクトロニクス製品への電磁波の影響による誤作動などの問題もあります。この電磁波の防波堤としての木炭の役割が注目されてきているのです。

もっともっと炭を焼こう

もう一つの炭の可能性として、今後の木質バイオマスの利用ということを考えたとき、木炭の活用は、さしあたりもっとも可能性に富んでいるのではないかと思います。それは循環可能な熱エネルギーとしてもすぐれていますし、ほとんどが炭素だけのきわめて安定した物質なので、ふつうの木材のように菌に食べられて二酸化炭素に還ることもなく、炭素の固定・貯留という面から見てもきわめて有望です。焼けば体積も小さくなるばかりでなく、重量が生材の五～六分の一になり、取扱いも容易です。

せっせと炭を焼き、石炭、石油を掘り取ったあとの地下に貯蔵するというアイデアはどうでしょうか。先の見えている化石燃料代わりに将来世代のために貯蔵してあげるのです。

私も、所属している森づくりボランティア団体の林業スクールで「ドラム缶炭焼き」をやりました。もちろん指導者に助けられながらですが、案外簡単に焼き上げることができました。

一回の焼きでお米の六〇キロ袋に一つとちょっとの炭ができました。その焼きあがった炭は、一部をバーベキューで使いましたが、ほとんどは山小屋の床下の防湿剤に活用しています。おかげで湿気がこもらなくなったばかりでなく、山小屋があるかぎり、あるいは山小屋が朽ちて土に埋もれても炭素を半永久的に貯蔵したことになります。

いずれにしても炭にさえしておけば、燃さないかぎり安定した炭素貯蔵なのです。

ドラム缶炭焼き法の焼き方をごくかいつまんで話しますと、まずドラム缶に炭材となる木をぎっしりと詰めます。横に寝かせて土中に埋め、焚き口で薪を燃やして炭材に火を移し、全体に火がまわったと思われるあたりで空気口を閉め、あとは蒸し焼きにするだけです。要は火がまわったところで空気をとめ、蒸し焼きにするところがミソです。煙の色を見ながら、透明感のある白い色になり、尾を引くようにたなびきはじめると、ほんのわずかな調整口を残して空気の流入を抑えます。その状態でしばらくおき、煙が透明に近い薄青い色になった時点で、排気口も調整口（吸気口）も完全にとめて、三日間錬成します。それさえうまくいけば炭はつくれます。

炭焼きは、その副産物として、これまた不思議な「木酢液」をつくり出します。釜から出る煙（水蒸気）を冷やして水分を回収するだけです。紙数の関係からもうあまりくわしくは触れませんが、一五〇～二〇〇の成分（酸類、アルコール類、カルボニル類、エステル類、フェノール類、その他）を含有し、これも、有機農産物栽培用、家庭園芸用として植物活性用あるいは土壌改良用として約半分が使われ、その他消臭用、食品添加物、燻製用原料などで活用されています。

私は、マンション・ベランダの鳩除け用に使っています。いろいろ鳩対策を試してみましたが、木酢液がいちばん効果的のようです。木酢液を薄めて鳩の来そうなベランダに水鉄砲でまくだけです。私たちには匂いませんが、煙くささを鳩が嫌うようです。

備長炭という高級炭をつくり出し、茶の湯の菊炭（菊の花のような切り口を示す炭）のように炭を芸術にまでたかめた日本人は、世界最高の炭づくり人種だといえます。また、私の郷里・愛媛県の南予地方、肱川町河辺川渓谷の洞窟遺跡から見つかった、三十数万年前の鹿ノ川人が使った木炭が、人類史上最初の炭の一つではないかといわれています。

世界最高と最古という炭文化をもつ、かくばかり炭と縁の深い日本人なのですから、私たちはもっともっと炭に注目したいものです。

まとめ――「緑は、地球の命綱」

たかだかいまから四・五億年前まで火星の表面のように赤茶けた不毛の大地だった陸上に（四六億年といわれる地球の歴史のなかで、実に四〇億年近くは地上には生物はいなかったのです！）、コケ、シダがはい上がり、植物は進化してきました。そして、彼らは、徐々に土をつくり、水を陸上にたくわえ、やがて自らがつくったその土壌を基盤に有機物を生産しながら、陸地をおおってきました。自ら第一次生産者として生産しながら、かつ地球の生産力の根源である土壌をつくるのも、地中小動物や菌類の助けも借りるとはいえ、その中核をなしていたのは緑―植物、そのかたまりである森林です。また木陰をつくって、動物に住まいと食料も与えてきました。わずか一メートルにもみたない、森林がつくったごくごく薄い土壌が表面をおおっているおかげで地球には命の賑わいがあり、人間も生きていけるのです。「土壌」があるのは、太陽系でも地球だけなのです。

さらにその昔を考えれば、大気に酸素をつくり出し、オゾン層を形成し、生物の上陸を可能にしたのもらん藻（シアノバクテリア）というクロロフィルを持つ「緑」でした。

このことを考えても、まさに「緑は、地球の命綱」といわずして、なんといえるでしょう。

物質生産力だけではありません。「環境の森」、「憩いの森」、「学習の森」、「野生の森」とめぐるなかで見てきたように、水土の保全、地球環境の維持をはじめとして、その恩恵ははかりしれません。

しかしある研究者（故・高橋理喜男氏）は、そのような「目に見える」効果、金額換算できる恩恵以外にこそ、森林の本来効果があるといいました。

金額換算できるものは、もともとその換算法が「代替え法」であるだけに、ほかの手段で代替えできるものです。たとえば森林の水を貯える能力は、同じ水量を貯めるダムをつくる場合にかかる工事費で計算されています。

高橋理喜男氏は、こうした金額換算できる効果を、森林の「対症効果―副次効果」と呼び、「固有効果―主要効果」ではないとさえいいます。

それよりも「森に入れば気持ちがいい、樹木を見れば気持ちが休まる」、そうした金額換算できないものこそ森林の本来効果だというのです。ダ・ヴィンチの『モナリザ』も、「絵具代とキャンバス代とダ・ヴィンチの日当の総和」（只木良也『森と人間の文化史』）ではないのです。その価値は単純に計量評価できません。

「緑＝森があること」、それは、それ自体が価値なのです。

あとがき

本書は、さまざまな人々と、自然との触れあいのなかで生まれました。

まずは、これまで森林インストラクター試験のための勉強や林業スクールの指導をしていただいた森づくり集団「里ネット」大森孟会長、神座侃大副会長をはじめとしたインストラクターの諸先生や、たびたびの講習や自然観察会などでご指導いただいた講師の方々の薫陶の賜物です。

そして、茨城県の林業家、荷見泰男さんには、森林ボランティアのフィールドを提供いただき、実際の林業体験をさせていただいているばかりでなく、林業の現状について多くのことを教えてもらいました。

また、娘にも助けられています。日本の大学で生物学を学び、ハワイ大学動物学大学院でサンゴの研究をしたあと現在は沖縄県石垣市でサンゴ礁のモニタリングや保全活動をしていますが、ハワイや沖縄のいろいろなところを案内してくれ、それまでの見慣れた日本内地の自然とはちがった新鮮な感動を覚える機会をつくってくれました。また、環境問題や生物学の知識について多くのことを教えてくれました。

そしてもちろんそれ以上に、本書は、驚きと感動を与えてくれた自然のおかげであることはいうまでもありません。自然や緑に関心をもったのは二〇年以上前にもなりますが、一〇年以上になる群馬県草津近くのわが草庵「くさなみ山荘」での折々の生活で、自然への愛着はますます深まっていきました。そこでの時間のなかでいろいろな書物から自然関係への知識を習得したばかりでなく、本書のほとんどの構想は、雑木林に囲まれた山小屋で生れました。

あるいは、幅広い森林への知識と体験を要求される「森林インストラクター」という資格制度のおかげかもしれません。本書のように「環境の森」、「憩いの森」、「学習の森」、「野生の森」、「生産の森」と、森林の全般にわたっての言及書はそれほどないと思います。多くの森林についての書は、森を相手にしながらその部分々々をとり上げた「木を見て森を見ず」の感なきにしもあらずです。専門家のものは、それぞれの「専門」がありますから、それもいたし方がないでしょう。

この資格制度がなければ、ここまで幅広く森林にかかわることはできなかったにちがいありません。なにせ、森林インストラクター養成講座全コースを受けるとすれば、森林、林業に関するあらゆるジャンルはもちろん、鳥や昆虫など動物、キノコ、木材、野外活動、安全（救急法）といった三〇人に近い、第一線の専門家の講習がなされるほどです。

「はじめに」でも触れたように、私が驚きと感銘を受け、実感をもって語れるエピソードだけをとり上げたという偏りはあるにせよ、森林のあらゆる側面を眺めた本書は、ほかにあまり例がないといえば、宣伝に過ぎるでしょうか。

還暦過ぎの若葉マークの森林インストラクターではありますが、若葉マークだからこそ、かえって自然への〝フレッシュな〟驚きや感動や感謝の念（資格獲得のきっかけになった）を熱いうちにお伝えできるということもあろうかとも思うのです。慣れない運転ではありますが、あえて遠出をしてみました。

執筆の途中では、サラリーマン時代の先輩でメル友として親しくしていただいている辻井浩一さん、樋口好宏さん、吉岡敏郎さんのお三方には一読者として草稿を読んでいただき、多くの助言をもらいました。また、出版にいたる過程では、出版界の実情に明るい知人の小田部尚さん、久保儀明さん、田辺健さんにさまざまな相談にのっていただきました。

家族にも感謝したいと思います。娘ばかりでなく、私の山小屋道楽を認めてくれ、また四年あまりの会社休職という、これまたわがままを許してくれた妻、おかげで時間的、精神的自由を得て、自然体験や勉強にも向かうことができました。また森林インストラクター試験の合格祝いをくれるなど、心やさしい息子もいろいろ励ましてくれました。また、彼にはこの資格獲得への助言もしていますが、それを通じて私の勉強の機会もつくってくれました。

最後に、適切なアドバイスをくださり、つたない原稿を、このような本に仕上げていただいた八坂書房の中居惠子さんに、特に大きな謝意を表したいと思います。
おかげをいただいた皆さまに、自然に、心からお礼をいいたいと思います。

森林インストラクター　豊島　襄

平成一八年盛夏

引用・参考文献

岩槻邦男　一九九四『植物からの警告―生物多様性の自然史』ＮＨＫブックス
大石真人　一九九五『森林破壊と地球環境』丸善ライブラリー
大森　孟『森林インストラクター養成通信講座テキスト』
河合雅雄　一九九〇『子どもと自然』岩波新書
〃　一九九七『河合雅雄著作集』第九巻　小学館
河田　弘　一九八九『森林土壌概論』博友社
菊沢喜八郎　一九九九『新・生態学への招待　森林の生態』共立出版
岸本定吉監修　池島庸元著　二〇〇四『新木炭・竹炭大百貨』ＤＨＣ
吉良竜夫　二〇〇一『森林の環境・森林と環境』新思想社
蔵治光一郎　二〇〇四『緑のダム　森林・河川・水循環・防災』築地書館
栗原　康　一九九八『共生の生態学』岩波新書
小宮山・迫田・村松　二〇〇三『バイオマス・ニッポン―日本再生に向けて』日刊工業新聞
四手井綱英　一九九九『日本の森林』中公新書
全国森林レクリエーション協会　二〇〇三『森林インストラクター養成講座教科書選集』
武田博清　二〇〇二『トビムシの住む森』京都大学学術出版会

只木良也　一九九〇　『森と人間の文化史』ＮＨＫブックス
〃　一九九七　『ことわざの生態学』丸善ブックス
〃　二〇〇四　『森の文化史』講談社学術文庫
田中淳夫　一九九九　『伐って燃やせば「森は守れる」』洋泉社
〃　二〇〇三　『里山再生』洋泉社
高橋理喜男　一九七二　「〃みどり〃の環境としての効用」　林業経営研究所編『都市林』農林出版
堤　利夫　二〇〇一　『環境問題とは何か』ＰＨＰ新書
長崎福三　一九九八　『システムとしての〈森―川―海〉魚付林の視点から』農山漁村協会
中静　透　二〇〇四　『森のスケッチ』日本の森林／多様性の生物学シリーズ①　東海大学出版会
西口親雄　一九九四　『木と森の山旅―森林遊学のすすめ』八坂書房
〃　一九九五　『森林インストラクター入門―森の動物・昆虫学のすすめ』八坂書房
日本学術会議報告　二〇〇一　「地球環境・人間生活にかかわる農業及び林業の多面的機能の評価について」
日本生態学会編　二〇〇四　『生態学入門』東京化学同人
日本大学森林資源科学科編　二〇〇二　『森林資源科学入門』日本林業調査会
日本木材加工技術協会関西支部編　一九九二　『木材の基礎科学』海青社
日本林業技術協会編　一九八八　『森林の一〇〇不思議』東京書籍
〃　一九九二　『続・森林の一〇〇不思議』東京書籍
〃　一九九五　『木の一〇〇不思議』東京書籍
〃　一九九九　『森林の環境一〇〇の不思議』東京書籍

シンビオ社会研究所　二〇〇一『京都からの提言―明日のエネルギーと環境その続編』日本工業新聞社
野口俊邦　一九九七『森と人と環境』新日本出版社
原後雄太・泊みゆき　二〇〇二『バイオマス産業社会』築地書館
樋口清之　一九七八『日本木炭史（上・下）』講談社学術文庫
藤森隆郎　二〇〇〇『森との共生』丸善ライブラリー
〃　二〇〇四『森林と地球環境保全』丸善
藤原正彦　二〇〇五『国家の品格』新潮新書
マータイ、W　福岡伸一訳　二〇〇五『モッタイナイで地球は緑になる』木楽舎
町田宗鳳　二〇〇三『山の霊力』講談社選書メチエ
宮崎良文　二〇〇二『森林浴はなぜ体にいいか』文春新書
村井　宏・岩崎勇作　一九七五「林地における水及び土壌保全機能に関する研究」『林業試験場報告』
木質科学研究所・木悠会編　二〇〇一『木材なんでも事典』講談社ブルーバックス
守山　弘　一九八八『自然を守るとはどういうことか』（社）農山漁村文化協会
八幡敏雄　一九八九『すばらしき土壌圏』地湧社
安田喜憲　一九九五『森と文明の物語』ちくま新書
〃　二〇〇二『日本よ、森の環境国家たれ』中公叢書
谷田貝光克　二〇〇四『フィトンチッドってなに？』第一プランニングセンター
依光良三　一九九九『森と環境の世紀』日本経済評論社
鷲谷いづみ　二〇〇一『生態系を蘇らせる』ＮＨＫブックス

〃　　　　二〇〇四　『自然再生』中公新書
和辻哲郎　一九七九　『風土―人間学的考察―』岩波書店
林野庁編　二〇〇四　『森林・林業白書　平成一五年度版』日本林業協会
Costanza,R. (ed) 1997 *The value of the world's ecosystem service and natural capital.* Nature vol. 387

著者紹介
豊島　襄（とよしま・のぼる）

1944年　愛媛県生れ
1969年　京都大学大学院 文学研究科修士課程終了
30年におよぶビジネスマン生活（宣伝部・商品企画部部長など）を経て、コンサルティング会社顧問などをつとめ、マーケティング書・論文執筆や、マーケティングアドバイザーとして活躍。
現在は「森林インストラクター」「森林活動ガイド」（以上二つは（財）全国森林レクリエーション協会認定）、「CONEリーダー」（自然体験活動推進協議会認定）の資格を取得し、環境教育、自然観察会などで活躍中。

E-mail : toyoshim@nifty.com
blog　: http://forestjo.exblog.jp/

ビジネスマンのための
エコロジー基礎講座　森林入門

2006年 8月30日　初版第1刷発行

著　　者　豊島　襄
発 行 者　八坂立人
印刷・製本　(株)シナノ

発 行 所　(株)八坂書房
〒101-0064 東京都千代田区猿楽町1-4-11
TEL.03-3293-7975　FAX.03-3293-7977
URL. : http://www.yasakashobo.co.jp

ISBN 4-89694-876-9

関連書籍のごあんない

森林インストラクター
—森の動物昆虫学のすすめ

西口親雄著　A5変型判　2000円

インストラクターを目指す人、もっと森林のことを勉強したい人、もっと楽しく森を歩きたい人……すべてに贈る。森の動物、昆虫の世界を知り、森林の生態系の仕組みを学ぶためのテキスト。

森のシナリオ
—写真物語 森の生態系

西口親雄著　A5判　2400円

森と森をすみかとする動物・昆虫と向き合うこと四十余年。森を知り尽した著者が撮り、描いた約300点の写真や絵に軽妙な解説を添えたオールカラーの楽しい森林入門書。

森のなんでも研究
—ハンノキ物語・NZ森林紀行

西口親雄著　四六判　1900円

虫やキノコ、菌根菌など、落ち葉や生物の亡きがらを土に返す分解者を登場させ、その役割や森の成立・存続とどんな関係を結んでいるかエッセー風に解説する。

日本森林紀行
—森のすがたと特性

大場秀章著　四六判　1800円

日本中の名森林を訪れ、各地の自然のありかたや歴史、土地の人々との結びつきなどを考察した旅。北海道、東北、裏磐梯、京都、熊野、四国、さらには西表島まで、未来を展望し、本来あるべき姿を問う。

上高地の谷から
—パークレンジャーと歩く国立公園

百武 充著　四六判　1800円

日本を代表するすぐれた自然景観として保護されている国立公園。そこで働くパーク・レンジャー（国立公園管理官）の仕事ぶりを紹介。尾瀬、阿寒、西表、十和田、上高地の美しい自然を生き生きと伝える。

アマチュア森林学のすすめ
—ブナの森への招待

西口親雄著　四六判　1900円

ブナ林に息づく様々な生物たちが森林と有機的に結びついて生きる姿を描きつつ、森という宇宙のメカニズムを探る。その考察は洪水や水質問題にまでおよぶ。真剣に自然保護について考える人に最適の本。

表示価格は税別価格です